# 长期水分扩散作用下沥青混凝土耐久性数值模拟

任敏达 ◎ 著

西南交通大学出版社
·成 都·

图书在版编目（CIP）数据

长期水分扩散作用下沥青混凝土耐久性数值模拟 / 任敏达著. --成都：西南交通大学出版社，2025.7.
ISBN 978-7-5774-0542-1

Ⅰ.TU528.42

中国国家版本馆 CIP 数据核字第 2025XJ6283 号

Changqi Shuifen Kuosan Zuoyong Xia Liqing Hunningtu Naijiuxing Shuzhi Moni
### 长期水分扩散作用下沥青混凝土耐久性数值模拟

任敏达　著

| | |
|---|---|
| 策划编辑 | 韩　林 |
| 责任编辑 | 赵思琪 |
| 责任校对 | 谢玮倩 |
| 封面设计 | GT 工作室 |
| 出版发行 | 西南交通大学出版社<br>（四川省成都市金牛区二环路北一段 111 号<br>　西南交通大学创新大厦 21 楼） |
| 营销部电话 | 028-87600564　028-87600533 |
| 邮政编码 | 610031 |
| 网　　址 | https://www.xnjdcbs.com |
| 印　　刷 | 成都市新都华兴印务有限公司 |
| 成品尺寸 | 170 mm × 230 mm |
| 印　　张 | 14.5 |
| 字　　数 | 214 千 |
| 版　　次 | 2025 年 7 月第 1 版 |
| 印　　次 | 2025 年 7 月第 1 次 |
| 书　　号 | ISBN 978-7-5774-0542-1 |
| 定　　价 | 79.00 元 |

图书如有印装质量问题　本社负责退换
版权所有　盗版必究　举报电话：028-87600562

# 前 言　Preface

　　如何提升道路耐久性并延长其使用寿命，是未来交通基础设施建设领域面临的关键问题。为有效解决这一问题，我们应当从导致路面耐久性降低的水损、开裂等问题入手，着重探究沥青混凝土长期性能的演变规律。目前，大量研究已经证明，沥青路面中长期累积的水分会降低沥青混凝土的黏结（附）强度，使沥青混凝土在服役过程中自身性能不断弱化，进而导致路面寿命缩短。因此，本书从环境中水分向沥青路面的传输过程着手，遵循"扩散→性能弱化→开裂"的研究脉络，将沥青混凝土内部的黏结（附）力下降界定为水分含量的函数，以此量化湿度对沥青混凝土性能的削弱效应，并且运用多物理场耦合方法，对长期湿度与荷载联合作用下沥青混凝土的开裂行为进行了模拟与分析。本书初步探讨了水分对沥青混凝土耐久性侵蚀破坏的演变历程及其影响程度，揭示了沥青路面在长期服役期间性能的衰退规律。

　　随着沥青路面使用时间的延长，环境中的水分逐渐在其内部累积，进而引发其性能的弱化。因此，对水分传输问题进行深入探究显得尤为重要。本书依据菲克（Fick）第二定律，对大气环境向沥青路面传输湿度的宏观过程进行了建模与分析，并进一步运用分子热运动理论，深入探讨了水分扩散的微观机理。经过宏观与微观的综合分析，我们发现水分在沥青路面中的传输呈现出典型的抛物线型规律。水分在沥青混凝土中传输的核心过程为：水分首先穿透沥青胶浆，随后使集料表面沥青膜剥落。因此，本书在充分考虑我国南北方环境特征及老化影响的基础上，设计并实施了水分穿透沥青胶浆的吸湿试验，测量得到了沥青胶浆在不同环境及老化状态下的吸湿曲线。随后，本书提出了一种结合空间离散与非线性优化的简化方法，利用该方法可通过吸湿曲线求解扩散模型。经对比验证，该方法具有一定的精度，所求解的扩散模型能够较好地描述水分穿透沥青胶浆的扩散过程。

沥青混凝土内部的水分含量与黏结（附）力下降直接相关，但这一内部的湿度分布较难通过试验获得，因此本书利用有限元法对这一时变湿度分布进行了量化与表征。首先，推导了扩散模型的有限元近似解，并在商用有限元计算平台上对该近似解进行了模拟。为了验证其准确性，将近似解与水分穿透沥青胶浆的试验结果进行了对比，发现两者结果高度吻合，这表明有限元计算具有较高的精度。随后，基于沥青混凝土中真实集料的分布情况，构建了包含集料相与沥青砂浆相的沥青混凝土模型。在此模型中，沥青砂浆被定义为沥青胶浆与细集料（粒径≤2.36 mm）的混合物。由于构成沥青砂浆的集料、胶浆与空隙的尺寸均较小且分布均匀，因此在进行有限元模拟时不再细分，将其视作整体。结果发现，当扩散时间较长时（以年为单位），由于粗集料与沥青砂浆在吸湿特性上的差异，沥青混凝土内部湿度分布不均，相比沥青砂浆，水分更多分布在粗集料与沥青砂浆的界面处，说明砂浆-集料界面更易遭受水分的侵蚀。另外，沥青的老化作用会在一定程度上增加材料的扩散率，进而对水分在沥青混凝土中的扩散过程起到加速作用。

为了量化沥青混凝土因累积水分导致的弱化问题，本书基于连续损伤理论提出了水分扩散-力学耦合演化模型。该模型通过将沥青混凝土内部黏结力下降定义为水分含量的函数，来考虑沥青混凝土性能下降过程中的水分参与。大量研究表明，沥青砂浆是沥青混凝土的黏弹以及黏结（附）特性的主要来源。因此，为了求解、校正模型，本书分别开展了沥青砂浆半圆弯曲有限元模拟与不同水分含量下的砂浆半圆弯曲试验。调整模拟中的黏结力输入使模拟结果与试验结果相匹配，最终得到能够代表不同水分含量状态下沥青砂浆内部的黏结力，并以此为终值利用最小二乘法对水分扩散-力学耦合演化模型进行求解与校正。结果表明，湿度-力学耦合演化模型可以较好地描述沥青混凝土因累积水分导致的弱化效应。

为了探究细观弱化效应对沥青路面宏观损坏的影响，本书以沥青混凝土开裂为研究对象，通过多物理场耦合方法对长期湿度与荷载共同作用下的沥青混凝土的开裂行为进行了模拟与分析。结果显示，在荷载施加过程中，沥青混凝土长期暴露在湿度环境中降低了其对荷载的抗力，加速了裂纹的产生与扩展。另外，根据处于加速损伤阶段的黏聚力单元统计结果，相比沥青砂浆内部，更多的损伤出现在砂浆与集料的界面处，而长期暴露在湿度环境中会进一步加速界面的黏附失效。最后，本书探究了上海地区沥青混凝土在极限服役期的性能衰减，结果发现，暴露在上海地区特征湿度环境中20年后，沥青混凝土对荷载的抗力下降约50%。

本书聚焦沥青混凝土长期暴露在湿度环境中的性能弱化问题，从水分在沥青胶浆中的扩散机制与过程出发，通过构建水分扩散-力学耦合演化模型量化了水分对沥青混凝土内部黏结（附）的弱化影响，利用该模型对长期水分与荷载耦合作用下沥青混凝土的开裂行为进行了表征。研究成果对揭示沥青混凝土长期性能演化规律，发展耐久性沥青路面设计方法具有重要意义。

书中难免存在疏漏之处，敬请读者批评指正。

作 者

2025 年 1 月

# 目录 Contents

符号说明 ······················································· 001

## 1 绪 论 ······················································· 004

    1.1 研究背景 ··············································· 004

    1.2 问题提出与研究意义 ································· 005

    1.3 研究现状 ··············································· 006

    1.4 文献评述与科学问题 ································· 059

    1.5 主要研究方向与技术路线 ···························· 061

    1.6 基本假定 ··············································· 063

    本章参考文献 ·············································· 065

## 2 水分扩散的建模方法与吸湿试验 ····················· 087

    2.1 水分向沥青路面的扩散过程建模分析 ············ 088

    2.2 扩散理论的微观机理与特征参数求解方法 ······ 094

    2.3 基于沥青胶浆吸湿试验的扩散模型求解 ········· 104

    2.4 本章小结 ··············································· 113

    本章参考文献 ·············································· 115

## 3 基于有限元法的水分扩散过程表征 ··················· 117

    3.1 有限元法基本原理 ···································· 118

3.2 水分扩散问题的有限元近似解 …………………………………… 124
3.3 基于沥青胶浆吸湿试验模拟的有限元近似解验证 ……………… 128
3.4 沥青混凝土内部水分场演化模拟 ………………………………… 133
3.5 本章小结 …………………………………………………………… 143
本章参考文献 …………………………………………………………… 145

## 4 水分扩散导致性能弱化的量化表征与建模分析 …………146

4.1 方法及模型 ………………………………………………………… 147
4.2 基于动态模量试验的沥青砂浆黏弹本构模型 …………………… 161
4.3 不同水分含量下的沥青砂浆半圆弯曲开裂试验 ………………… 169
4.4 基于黏聚力模型的沥青砂浆半圆试验模拟 ……………………… 171
4.5 水分扩散弱化本构方程的构建 …………………………………… 180
4.6 本章小结 …………………………………………………………… 189
本章参考文献 …………………………………………………………… 190

## 5 水分扩散作用下沥青混凝土宏观开裂特征 ………………193

5.1 水分扩散-力学耦合演化模型 ……………………………………… 194
5.2 有限元模型构建 …………………………………………………… 199
5.3 模型参数及模型验证 ……………………………………………… 201
5.4 模拟结果 …………………………………………………………… 204
5.5 长期水分扩散作用下沥青混凝土开裂行为 ……………………… 208
5.6 上海地区沥青路面极限服役期内性能衰减预测 ………………… 218
5.7 本章小结 …………………………………………………………… 222
本章参考文献 …………………………………………………………… 224

# 符 号 说 明

$t$ ——时间（包括扩散时间、松弛时间等），单位：s；

$x$ ——路径上的距离，单位：mm；

$J$ ——扩散通量，单位：mol/（m²·s）或 g/（m²·s）；

$D$ ——扩散系数，单位：m²/s；

$C$ ——水分浓度，单位：mol/m³或 g/m³；

$\vec{R}$ ——扩散过程中原子随机跳动的位移矢量，文中所有右向箭头上标均表示向量概念，单位：mm；

$r$ ——原子的跳动距离，单位：mm；

$\Gamma$ ——原子跳动频率，单位时间内的跳动次数，单位：Hz；

$K$ ——晶体结构的几何因子，无量纲；

$\mathrm{erf}(x)$ ——误差函数，无量纲；

$\Phi(x)$ ——标准正态分布函数，无量纲；

$I$ ——仅与扩散时间相关的水分浓度，单位：mol/m³或 g/m³；

$SA$ ——沥青混凝土中的集料比表面积，单位：m²/kg；

$Pass_i$ ——集料各粒径的质量通过百分率，无量纲；

$FA$ ——各粒径集料的表面积系数，无量纲；

$S$ ——沥青胶浆试件截面面积，单位：m³；

$P_{H_2O}$ ——大气压中的水分分压，单位：Pa；

$P_{atm}$ ——大气压，单位：Pa；

$\rho_{air}$ ——空气摩尔密度，单位：mol/m³；

$M_{H_2O}$ ——水的分子质量，单位：kg/mol；

$RH$ ——相对水分，无量纲；

$P_{Sat}$——饱和水分压力,单位:Pa;

$R$——通用气体常数,一般取值 8.314 J/(mol·K),单位:J/(mol·K);

$T^K$——开尔文(Kelvin)温度,单位:K;

$\boldsymbol{\sigma}_{ij}$——应力张量,文中所有加粗符号均表示张量概念,单位:Pa;

$\boldsymbol{\varepsilon}_{ij}$——应变张量,无量纲;

$\overline{\boldsymbol{b}_i}$——体力张量,单位:N/m³;

$\boldsymbol{u}_i$——位移张量,单位:m;

$\boldsymbol{P}_i$——荷载张量,单位:N;

$L$——构建试函数中需要确定的待定系数,无量纲;

$\psi$——构建试函数中设定的基底函数,无量纲;

$\Omega$——求解问题中的几何域,单位:m³或 m²(具体取决于问题的维度);

$N$——形函数,无量纲;

$\boldsymbol{q}^e$——单元刚度方程中节点位移或水分浓度矩阵,单位:m 或 mol/m³;

$\boldsymbol{K}^e$——单元刚度方程中的单元水分扩散矩阵,单位:m²/s;

$\boldsymbol{P}^e$——单元刚度方程中的单元等效节点力或等效浓度荷载矩阵,单位:N 或 mol/m³;

$T_{em}$——时温等效原理中 WLF 方程的试验温度,单位:K;

$T_r$——时温等效原理中 WLF 方程的参考温度,单位:K;

$\alpha_T$——时温等效原理中的移位因子,无量纲;

$J(t)$——沥青基材料黏弹本构关系中的蠕变柔量,单位:1/Pa;

$E(t)$——沥青基材料黏弹本构关系中的松弛模量,单位:Pa;

$|E^*(\omega)|$——动态模量,单位:Pa;

$E'(\omega)$——储存模量,单位:Pa;

$E''(\omega)$——损失模量,单位:Pa;

$\omega$——角频率,单位:rad/s;

$\varphi$——相位角,单位:rad 或°;

$G$——黏聚力模型中的断裂能,单位:J/m²;

$T$——黏聚力模型中的黏结力(拉伸力),单位:Pa;

$\Delta$——黏聚力模型中的两开裂面之间的张开位移,单位:m;

$\tilde{D}$——连续损伤理论中的损伤变量,无量纲;

$\tilde{d}$——总损伤变量 $\tilde{D}$ 中由水分引起的损伤,无量纲;

$\theta$——水分含量,为某时刻水分浓度与最大(平衡)水分浓度的比值,无量纲;

$G(t)$——剪切松弛模量,单位:Pa。

# 1 绪 论

## 1.1 研究背景

目前，全国公路里程数达到 $5.198 \times 10^6$ km，其中高速公路里程数已突破 $1.6 \times 10^5$ km，20 万人以上的城市和行政中心的高速公路覆盖率已经超过 99%[1]，稳居世界第一。自 1988 年中国首条高速公路沪嘉高速在上海建成通车至今，我国高速公路发展由点到线、由线到面，已建成了全球最大的高速公路网络。庞大高速公路系统助力经济腾飞的同时也带来了巨大的消耗，"十三五"期间，仅用于日常养护的投入就达到了 2 587 亿元[2]，2022 年第一季度全国公路建设总投资已超 4 800 亿元[3]。同样，对于 21 世纪初就已建成全国性高速公路网的美国，2000 年各州高速公路支出为 898 亿美元，其中仅 10% 用于新建公路，超过 40%用于既有路面的养护[4]。由此可见，维持传统的建养模式会造成极大的经济负担，如何提升道路耐久性、延长道路使用寿命、促进道路建养可持续发展是未来交通基础设施建设亟需解决的问题。

耐久性沥青路面建造技术是国内外沥青路面学科的持续研究热点。我国的《交通强国纲要》以及《交通领域科技创新中长期发展规划纲要（2021—2035 年）》中均强调要增强交通基础设施耐久性，开展长期性能观测，研究结构、材料长期性能演化规律。国际上一般认为耐久性沥青路面设计使用年限要达 50 年[5]。同济大学道路工程学科已提出 50 年乃至 100 年寿命的沥青路面结构体系的设计愿景：沥青路面下面层和基层应具有良好耐久性，在全寿命过程中不出现疲劳损坏;通过较少次数的沥青上面层修复或上中面层共同修复,实现50年以上设计寿命。50年以上设计寿命的耐久性沥青路面对沥青混凝土的性能提出了更高要求。

## 1.2 问题提出与研究意义

通常认为,沥青混凝土的疲劳极限是影响沥青路面寿命的关键设计指标。因此,众多关于长寿命或耐久性路面的研究致力于揭示沥青路面结构组合(即厚度)如何影响设计寿命[6],诸如层底弯拉应变下限等指标相继被提出[7,8]。然而,在长期服役过程中,沥青路面会受到荷载和环境的双重影响。目前,多数沥青路面设计体系所采用的诸如沥青层底弯拉应变等固定指标,难以全面把控实际服役状态下沥青混凝土在长期环境影响下的性能变化,故存在一定的局限性。

相比其他环境因素与荷载的耦合作用,水分的影响主要体现在降低沥青混凝土的黏结(附)强度,因此值得特别关注。环境水分导致的沥青面层水损害有两种主要表现形式:一是沥青路面建设时空隙率控制不佳(通常认为7%~12%为最不利空隙率),导致水分可以轻易进入路面内部而较难排出时,引起的诸如动水压力、层间黏结失效、翻浆等早期水损害;二是随着路面服役期的增加,周围环境中的水分不断向路面传输并累积,导致沥青-集料的黏附和黏结强度下降,在水的参与下出现沥青从集料表面"剥落"的现象。不难发现,第一类水损害主要与施工质量有关,目前对此的相关研究较多,而随着处置技术的不断成熟,这类水损害已经越来越少见了。而第二类水损害通常在沥青路面服役一段时间后才会显现,这种损害过程是自发的,很难完全根除。

目前,学术界对水分弱化效应机理以及影响程度尚未有明确的定论[9]。虽然,当路面使用年限较短时,此种损害的影响难以发现,但当沥青路面长期服役时,水分弱化效应的影响会随着使用时间的增加而加深。因此,在考虑设计耐久性沥青路面时需要对水分弱化效应加以考虑。我国以及美国

Superpave 沥青路面设计体系中，主要通过冻融劈裂试验［T0729—2000（中）和 AASHTO T283（美）］来评价沥青混凝土水稳定性。但目前这些试验指标只能从经验上反映沥青混凝土 4~12 年的路面现场水稳定性能[10-12]，与预期的耐久性沥青路面 50 年以上抗水损耐久性需求存在很大差距。

大量研究已证实，沥青路面中的水分会对其性能造成不利影响。然而，这些研究大多基于试验数据，侧重于统计方法的应用，却鲜有通过力学模型将长期水分作用与力学损伤直接关联起来的研究，而这恰恰是探究沥青路面长期性能演变不可或缺的一环。因此，为了量化与预测沥青混凝土中水分弱化的发生及发展过程，我们需提出一种包含综合试验方法与计算模型在内的思路框架。在这样的背景下，本书聚焦于沥青混凝土在长期水分作用下性能弱化的核心问题，首先从水分的扩散机制与过程入手，进而将沥青混凝土的力学性能定义为内部水分含量的函数，以此具体量化长期水分作用对沥青混凝土性能的弱化影响。最终，本书利用该模型，在多物理场耦合方法的框架下，模拟并表征了长期水分与荷载共同作用下沥青混凝土的开裂行为，深入探究了水分对沥青混凝土耐久性侵蚀破坏的演化历程及影响程度，从而揭示了沥青路面在长期服役过程中的性能衰变规律。这些研究成果对于推动沥青路面水分影响研究的深入，以及发展耐久性沥青路面设计方法，均具有重要意义。

## 1.3 研究现状

### 1.3.1 水损害以及水分弱化的定义

沥青路面的破坏可以分为稳定性破坏（荷载引起）和耐久性破坏[13]（沥青路面受水分的影响主要表现为强度和耐久性的丧失，是典型的耐久性破坏[14]）。通常损伤被定义为一个系统的功能性丧失程度。因此，沥青混凝土的水损害可以通过外延损伤的概念而定义为：由于液体或气体状态下水分的存在而引起的材料力学性能退化[15]。关于沥青混凝土水损害的第一个最全面的定义由 Kiggundu 等[16]于 1988 年提出：由于沥青和集料表面之间的黏附力丧失或沥青胶浆自身的黏结力丧失（主要由于水的作用）导致的路用沥青混凝土的功能性发生弱化。

沥青混凝土的整体性取决于沥青-沥青的黏结与集料-沥青的黏附，液态或气态形式的水分会使这种黏结（附）性能发生退化。当沥青混凝土自身性质较差（空隙率较大等）或存在施工质量（层间积水等）时，会导致路面局部在短期内积累大量液态水，在行车荷载作用下产生动水压力，在多次重复的动水压力作用下发生第一阶段的路面水损害[17]。第一阶段的路面水损害具有突发性和快速性，在我国沥青路面建设初期较为常见。随着对该阶段路面水损害研究的深化以及相关施工质量的提升，目前第一阶段的水损害问题已基本得到解决，路面的使用寿命也得以有效延长。然而，随着路面服役时间的增长，周围环境持续向路面渗透水分，路面结构整体的水分含量不断攀升，导致路面结构的强度和耐久性逐渐下降，从而引发了第二阶段的水损害[15]。这类水损害如同"慢性病"，是限制道路耐久性的重要因素。我们将第二阶段的水损害定义为沥青路面的"水分弱化"效应。

### 1.3.2　水分在沥青混凝土中的传输

#### 1.3.2.1　水分在沥青路面中传输方式

这里的水分统指所有形式的水，对于大空隙沥青混合料（空隙率>11%）水分传输过程已有很多文献进行了研究，而对于密级配沥青混合料（即沥青混凝土，空隙率<7%），这一过程要复杂得多[18]，主要体现在以下两个方面：① 沥青混凝土中包含多种尺寸的材料，因此其内部结构更加复杂；② 水在仅包含微小空隙的密实混凝土中的传输机理同样十分复杂。

沥青混凝土的水损害可以按照一般性的两种物质相互作用的过程来进行总结，如图 1.1 所示。

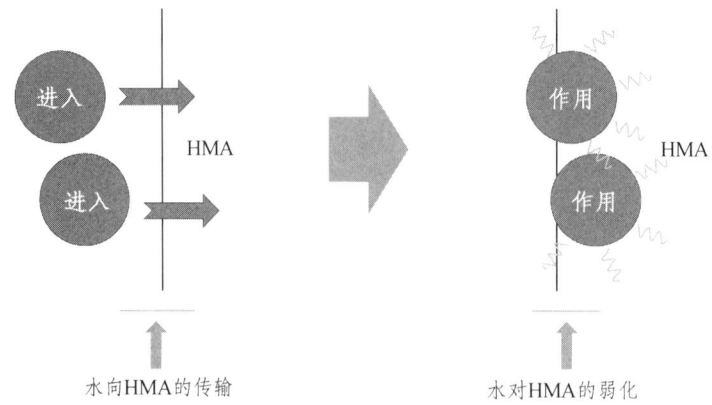

图 1.1  沥青混凝土水损害过程

由上图所示，水分对沥青混凝土的损害主要包含两个过程：① 水向沥青混凝土的传输；② 水对沥青混凝土的弱化[13,15,19,20]。

通常认为，水进入沥青混凝土主要通过三种方式[15,21]：① 地表雨水下渗；② 地下水毛细上升[22]；③ 相对水分梯度驱动下的水分扩散[23]。水的传输与传输路径的尺寸密切相关，尤其是微观多孔材料，因此，地表雨水下渗和地下水毛细上升的路径是沥青混凝土中的"大空隙"大于 $4 \times 10^{-3}$ cm[24]，这一过程主要受流速和吸力控制[25-28]，当传输路径上遭遇"小空隙"（小于 $4 \times 10^{-3}$ cm）时，由于表面张力，液体水不可能通过[29]，因此水分在沥青混凝土空隙中的后续传输仅能通过水分扩散进行。总结如图 1.2 所示。

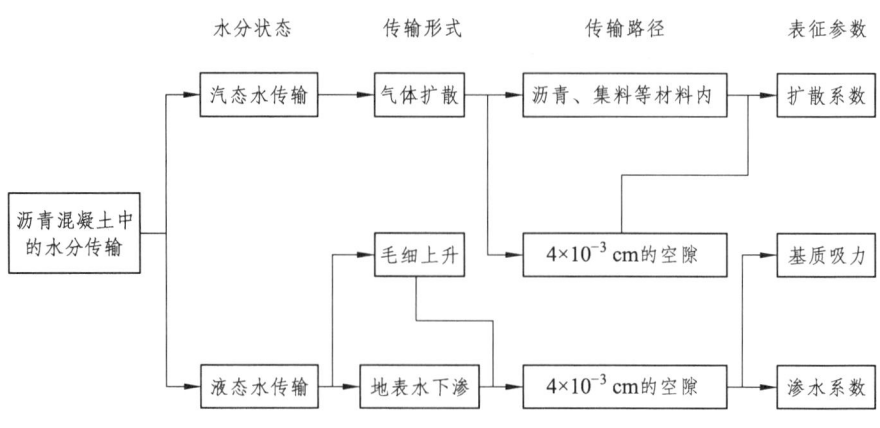

图 1.2  沥青混凝土中的水分传输

如果将沥青混凝土看作人体,那么水分在空隙中传输可以认为是在体外环境传输,而水分进入沥青胶结料到达沥青集料界面的过程可以认为是体内环境传输。体外传输是典型的宏观过程;体内传输的本质是物质交换,是典型的微观过程,其基本原理是微观粒子的热运动。而由物质中原子(或其他微观粒子)的微观热运动引起的宏观迁移现象,称为扩散。根据材料学基本理论,在固体物质中,扩散是原子迁移的唯一方式[30]。因此,水分进入沥青混凝土内部的体内环境传输仅能通过水分扩散。

目前,对于下渗以及毛细管上升的水分传输方式研究已较为成熟[22, 31-34],尽管水分扩散被认为是沥青路面内主要且不可避免的水分运动机制[23, 35, 36],但探索这种运输机制在沥青混凝土材料弱化中作用的研究仍然有限[23, 36-38]。

关于水分在沥青混凝土中的扩散的研究可以归纳为三方面内容[18]:一是水分扩散的试验研究;二是用于描述扩散过程的模型研究;三是有关描述扩散快慢物理量(扩散系数)的研究。

### 1.3.2.2 沥青基材料的水分扩散试验研究

沥青基材料根据组成部分的尺度大小,可以分为纯沥青、沥青胶浆、细集料沥青混合料(Fine Aggregate Mixture,FAM)或沥青砂浆、沥青混凝土。对于不同尺度的沥青基材料,其测试方法可以总结为两类,如图1.3所示。细集料沥青混合料以及沥青混凝土由于自身混合料的特点,无法使用高精仪器进行成分类分析,故而采用更一般的重量法来对吸水特性进行量化。

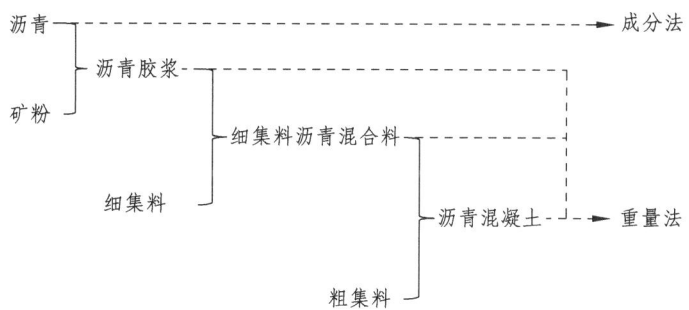

图1.3 试验对象分类以及吸水试验一般性方法

一般针对沥青胶结料吸水性质研究的常用方法是基于红外光谱衰减全反射（Fourier Transform Infrared Spectroscopy-Attenuated Total Reflectance, FTIR-ATR）的成分分析法。

红外谱图中波数为 3 000~3 650 cm$^{-1}$ 处的吸收峰为水分子中羟基的伸缩振动峰，其峰的强度会随着进入沥青中水分的增加而增强，而水分子在 1 640 cm$^{-1}$ 处的弯曲振动峰在水分含量很低时并不会出现。所以，测量不同时间羟基伸缩振动峰的强度，可以研究水分在沥青中的扩散过程。1992 年，Nguyen 等[39]首次将这一项技术应用于水分在沥青中扩散的研究，他们使用硅质集料板上的沥青薄膜制作成试件在常温下进行了试验，最终得到的扩散系数范围是（5~12）×10$^{-11}$ m$^2$/h。这个试验方法的难点在于如何制备出薄厚均匀的沥青膜试件。有研究表明，液体通过非常薄的聚合物薄膜的扩散率不代表通过主体的扩散率[40]，而太厚的膜又无法满足扫描要求。考虑到这一现状，Vasconcelos 等[41]对测试方法进行了一些改进：他们采用旋涂法，先将沥青溶于甲苯，然后蒸发掉溶剂，将剩下的沥青膜用于测试。椭偏仪厚度测量结果显示，样品的薄膜厚度范围在 0.66~1.3 μm 之间，满足试验要求。他们利用这种试件，通过向膜顶部添加水的方式来实现恒定的边界条件，即 100%RH（相对湿度），并计算了四种不同类型胶结料的扩散系数，其数值处于 10$^{-17}$ m$^2$/s 的数量级。之后 Vasconcelos 等[42]又利用红外光谱技术研究了循环水分边界条件对三种沥青胶结料水分扩散率的影响，他们发现，多次水循环会提升试件的水分扩散率。为探究其原因，他们结合了原子力显微镜进行扫描分析，结果显示，水分扩散率的提升主要归因于沥青在暴露于水分后，其微观结构发生了改变。

另外一种基于重量法的吸水试验可分为静态法与动态法两类。静态法是指扩散系统封闭与外界并无水分交换，系统中水分浓度随着水分不断进入试件而略有减小；动态法是指扩散系统开放，通过不断输送水分来保证系统中的水分浓度恒定。原理如图 1.4 所示。

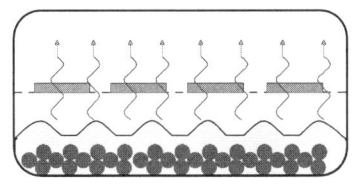 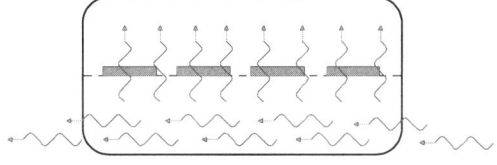

（a）静态法吸水试验　　　　　　　（b）动态法吸水试验

图 1.4　基于重量法的吸水试验

Tong 等[23,36]在其研究中，选取了 0%（干燥条件）和 100%两个相对水分水平来处理 FAM 试件。在真空干燥器内，通过采用一种特定化学溶液，可以维持恒定的相对水分水平。该溶液在封闭系统内对水具有良好的吸附与解吸性能，能够产生水蒸气压力，同时引起的温度波动极小。因此，干燥剂用于达到 0%RH 水平，蒸馏水用于达到 100%RH 水平。随后，将样品置于具有特定相对水分的真空干燥器中，具体过程如图 1.5 所示。

DMA 样品　　　　　　　　　　　　　解决方案

图 1.5　在干燥器中处理 FAM 试件[23, 36]

罗蓉等[43]设计了一个针对沥青混凝土试件以水分梯度作为驱动力的穿透型水气扩散试验装置，如图 1.6 所示。容器内部盛有蒸馏水，可为容器内部提供恒定的 100%RH，然后将沥青混凝土试件固定在容器上方，缝隙处用熔融蜡进行填充，保证水汽仅从试件中穿透扩散到环境箱。容器外的相对水分由环境箱控制，可提供恒定的温度和水分。装置内水蒸气在水分梯度作用下扩散到试件中并部分穿透到箱内环境，通过天平周期称量水分扩散装置质量，得到水分穿透量随时间的变化曲线，计算得到水汽穿透率。

(a)放置硅胶片

(b)放置试件

(c)熔融蜡填缝

(d)周期称量试验装置质量

图1.6 针对沥青混凝土的水分穿透试验装置

Apeagyei等[44]分别使用静态与动态两种不同的方法来对沥青胶浆的吸附扩散进行表征。其中，静态吸附扩散方法采用饱和氯化钾盐溶液，在干燥器罐中产生大约85%RH，并手动测量质量增加（干燥器法）；动态吸附扩散方法利用环境箱在23 ℃的温度下精确产生并保持85%RH，同时持续测量胶浆样品吸附水分过程中的质量增长（环境箱法）。他们分别总结了两种不同方法的优势与缺陷。干燥器法的优点是易于使用，安装相对便宜，并且可以同时测试几个重复样品；干燥器法的一些缺点包括：频繁（每天）打开和关闭容器（伴随着水分压力的损失），以及由于干燥器罐内气流的停滞性质，达到平衡所需的时间很长（1～3周）。环境箱法达到热力学平衡的时间相对较短，并能够以更高的精度动态监测吸附曲线中的水分吸收；环境箱法的主要缺点是一次只能测试少量样品，而且相比干燥器法更昂贵。

随着测试仪器的不断更新引进,诸多先进测试方法被引入到沥青混凝土的水分扩散量化表征中,主要包括:通用吸附装置(Universal Sorption Device,USD)[45],重量吸附分析仪(the Gravimetric Sorption Analyzer,GSA)[46]等。

Luo 等[47]使用 GSA 来获取试件的动态吸附数据。测试温度设定为 20±0.5 ℃,当测试开始时,对测试腔施加高真空($<1 \times 10^{-4}$ MPa)约 20 h,直到测试样品的质量不再发生变化(这表明样品的相对湿度达到约 0%)。在 0%RH 时,样品的测量质量为样品的初始质量 $M_0$。随后,设定水分压力为 $1.2 \times 10^{-3}$ MPa。因为 20 ℃ 饱和水蒸气压力约为 $2.3 \times 10^{-3}$ MPa,所以设定 $1.2 \times 10^{-3}$ MPa 相当于保持腔体内相对水分为 51.51%,在内外水分梯度作用下,水分子不断进入试件,导致质量增加。

Cheng 等[45]使用 USD 测量了沥青薄膜吸收的水分量,并开发了一个基于扩散理论的吸收模型来区分吸附和吸收。测试所用样品盘如图 1.7 所示,将待测沥青样品分别涂在这些非常薄的铝制样品架上。使用 USD 装置测试这些沥青样品,并在水蒸气压力 $P/P_0 = 0.75$ 时测量这些样品随时间的总吸附量(其中,$P$ 和 $P_0$ 分别是蒸馏水的蒸气压和饱和蒸气压)。

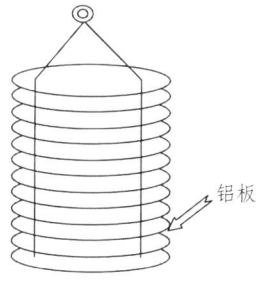

图 1.7 USD 试件样品盘

Kassem 等[21,38]利用热电偶极测量了试件中随时间变化的基质吸力,用来确定不同混合料中的扩散系数(图 1.8)。他们对比了三种具有不同的水损害敏感性的混合料,这些混合料的水敏感性已由 Zollinger[48]通过研究揭示。试验结果显示,这一试验方法切实有效。

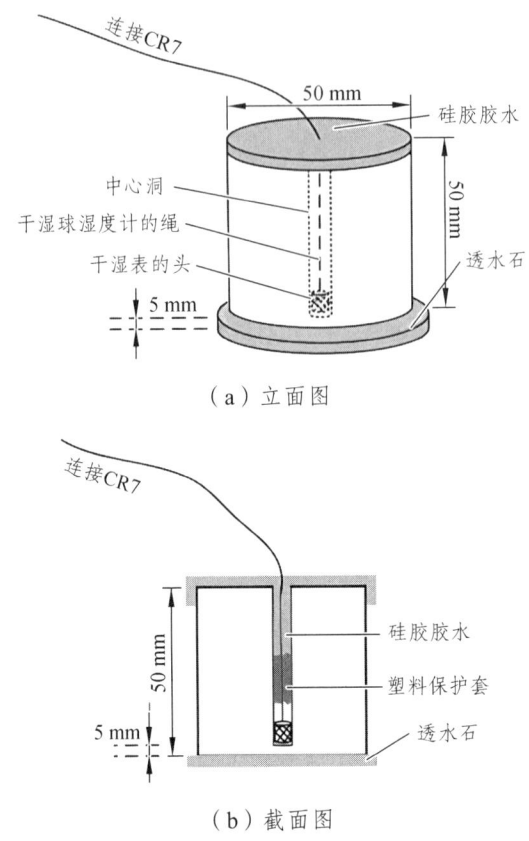

(a)立面图

(b)截面图

图1.8 FAM基质吸力测试

### 1.3.2.3　描述沥青基材料中水分扩散的模型

可通过1.3.2.2节中的试验方法获得沥青基材料的吸湿曲线,后续如何对材料的吸湿特性进行表征是下一阶段研究的重点。研究人员提出吸湿(扩散)系数的概念,用来评价材料吸湿的快慢,借此演化了许多包含这一变量的模型用来描述沥青基材料的吸湿过程。沥青混凝土的吸湿演化模型大致上可以分为两类:① 基于Fick定律的吸湿模型;② Fick定律以外的吸湿模型。

Fick于1855年参考导热方程,通过试验确立了扩散物质量与其浓度梯度之间的宏观规律,即单位时间内通过垂直于扩散方向的单位截面积的物质量(扩散通量)与该物质在该面积处的浓度梯度成正比,其数学表达式即Fick

第一定律（或称扩散第一定律）为

$$J = -D\frac{\partial C}{\partial x} \tag{1.1}$$

式中：$J$——扩散通量，表示物质通过单位截面的流量，kg/（m²·s）;

$x$——扩散距离，m;

$C$——扩散组元的体积浓度，kg/m³ 或原子数/m³;

$\partial C/\partial x$——沿 $x$ 方向的浓度梯度，kg/（m³·s）;

$D$——原子的扩散系数，m²/s。

负号表示扩散由高浓度向低浓度方向进行。

Arambula 等[37]和 Luo 等[49]通过自开发的静态吸水试验（图 1.9）发现，在扩散过程中扩散系统的质量变化与时间呈线性关系，因此他们使用 Fick 第一定律对这一过程进行描述。

（a）Arambula 等[37]开发

（b）罗蓉等[43]开发

图 1.9　自制静态吸水试验

水分通过每个样品的摩尔通量 $J$ 使用式（1.2）来近似[50]：

$$J = \frac{1}{A}\frac{dW_{H_2O}}{dt} \tag{1.2}$$

式中：$A$——可供扩散的面积（在 Arambula 等[37]以及罗蓉等[43]的研究中为塑料容器的开口横截面积），m²;

$dW_{H_2O}/dt$——试验期间水从容器中流失的速率，kg/s。

将式（1.1）与式（1.2）联立，可以得到式（1.3）[37,43]：

$$D = -\frac{1}{A}\frac{dW_{H_2O}}{dt}\left(\frac{L}{C_1 - C_0}\right) \qquad (1.3)$$

式中：$L$——试件的厚度，m；

$C_1$、$C_0$——试件两侧的水分浓度，kg/m³。

浓度 $C$ 可以按式（1.4）进行计算：

$$C = \frac{P_{H_2O}}{P_{atm}} \rho_{air} M_{H_2O} \qquad (1.4)$$

式中：$P_{H_2O}$——水分分压力，Pa；

$P_{atm}$——大气压强（一般取 101 325 Pa），Pa；

$\rho_{air}$——空气的摩尔密度，kg/m³。

其中，水分分压力可以用相对湿度来计算，即按式（1.5）进行计算：

$$P_{H_2O} = RH \times P_{sat} \qquad (1.5)$$

其中，$P_{sat}$ 是相对湿度为 100% 时的空气压力，一般取 5 623.5 Pa。因此，在 $P_{sat}$ 前乘以试验条件的空气相对湿度即可得到水分分压力。

另外一个系数 $\rho_{air}$ 可以按照式（1.6）进行计算：

$$\rho_{air} = \frac{P_{atm}}{RT} \qquad (1.6)$$

将式（1.4），式（1.5）以及式（1.6）代入式（1.3）可以得到最终的扩散系数计算式（1.7）：

$$D = -\frac{1}{A}\frac{dW_{H_2O}}{dt}\frac{RT}{M_{H_2O}}\left(\frac{L}{P_1 - P_0}\right) \qquad (1.7)$$

式中：$R$——通用气体常数，一般取 8.314 J/(mol·K)，J/(mol·K)；

$T$——开尔文温度，K；

$M_{H_2O}$——水的摩尔质量（一般取 18.015 g/mol），g/mol；

$P_1$、$P_0$——试件两侧的水分分压力，Pa。

对于系统各处的浓度不随时间变化的扩散，即 $\partial C / \partial t = 0$，我们称这类扩散为稳态扩散。除 Fick 第一定律外，还有一些经验模型，如 Peleg[51]提出的 Peleg 模型，见式（1.8）：

$$M_t = \frac{t}{C_1 + t \times C_2} \tag{1.8}$$

式中：$M_t$——时间 $t$ 时的水分含量，%；

$t$——时间，s；

$C_1$——速率常数，与初始吸水速率有关，$s^{-1}$；

$C_2$——容量常数，与材料最大吸水能力有关，无钢量量纲。

Apeagyei 等[52]利用该模型成功预测了沥青混凝土的水分吸收。他们使用的模型预测结果和测量数据之间有很好的一致性，并且模型与测量的最终平衡吸湿百分数分别为 0.493% 与 0.491%，二者差异较小。之后 Apeagyei 等将该模型用来研究水分吸收对沥青混凝土强度退化的影响。

在实际复杂环境中，很难满足稳态扩散的条件，因此大多数问题均为非稳态扩散，在这样的背景下，诞生了 Fick 第二定律。Fick 第二定律是由 Fick 第一定律以及物质平衡原理推导而来，具体推导过程见第二章，最终形式见式（1.9）：

$$\frac{\partial C}{\partial t} = \frac{\partial}{\partial x}\left(D\frac{\partial C}{\partial x}\right) = D\frac{\partial^2 C}{\partial x^2} \tag{1.9}$$

对于三维扩散，根据具体问题可采用不同的坐标系，在直角坐标系下的扩散第二定律可由式（1.9）拓展得

$$\frac{\partial C}{\partial t} = \frac{\partial}{\partial x}\left(D_x\frac{\partial C}{\partial x}\right) + \frac{\partial}{\partial y}\left(D_y\frac{\partial C}{\partial y}\right) + \frac{\partial}{\partial z}\left(D_z\frac{\partial C}{\partial z}\right) \tag{1.10}$$

对于扩散体系为各向同性时，如立方晶体，有 $D_x = D_y = D_z = D$，若扩散体系与浓度无关，则式（1.10）转变为

$$\frac{\partial C}{\partial t} = D\left(\frac{\partial^2 C}{\partial x^2} + \frac{\partial^2 C}{\partial y^2} + \frac{\partial^2 C}{\partial z^2}\right) \tag{1.11}$$

引入 Laplace 算子，则式（1.11）可以简写为

$$\frac{\partial C}{\partial t} = D\nabla^2 C \tag{1.12}$$

Fick 第二定律的解析解由 Crank[53] 于 1979 年借助三角函数展开式求得

$$\frac{M_t}{M_\infty} = 1 - \sum_{n=0}^{\infty} \frac{8}{(2n+1)^2 \pi^2} e^{\frac{-D(2n+1)^2 \pi^2 t}{l^2}} \quad (1.13)$$

式中：$M_t$——$t$ 时刻时的吸水量，g 或 mol；

$M_\infty$——平衡吸水量（达到热动力平衡时的吸水量），g 或 mol；

$D$——扩散系数，$m^2/s$；

$L$——试件厚度，m。

Apeagyei[54] 以及 Xu 等[55] 利用 Fick 第二定律的解析解对沥青胶浆的吸湿曲线进行了拟合，求解了扩散系数。其中，Apeagyei 等[54] 采用的胶浆试件采用 50∶25∶25（细集料∶矿质填料∶沥青，细集料在 0.125～1 mm 之间）；而 Xu 等[55] 则利用这一方法评估了四种细集料类型和三种沥青胶结料的细集料沥青胶浆（Fine Aggregates mastics，FAM）吸湿特性，原因是 FAM 中各组分具有不同吸附和扩散特性[56,57]。

尽管 Fick 第二定律已存在解析解，但其形式颇为复杂，求解过程烦琐，加之多数情况下对精度要求并不严苛，因此许多研究人员提出了数值解或经验解。

Apeagyei 等[58] 采用的一种经验公式为

$$\frac{M_t}{M_\infty} = \frac{4}{l}\sqrt{\frac{Dt}{\pi}} \quad (1.14)$$

式中：$M_t$——$t$ 时刻时的吸水量，g 或 mol；

$M_\infty$——最大平衡吸水量，g 或 mol；

$D$——扩散系数，$m^2/s$。

扩散系数 $D$ 可以表示为

$$D = \frac{SOL}{16}\pi l^2 \quad (1.15)$$

其中，$SOL$ 是 $M_t/M_\infty$ 与 $\sqrt{t}$ 曲线的斜率。这种方法被称为斜率近似法。

Apeagyei 等[58] 同样介绍了解析解的简化形式，定义一个时间变量 $t_{0.5}$，表

示在 $M_t/M_\infty = 0.5$ 时的时刻，那么此时的 $t/l^2$ 可以用式（1.16）表示，相应的 $D$ 可以近似为式（1.17）。

$$\frac{t_{0.5}}{l^2} = -\left(\frac{1}{\pi D^2}\right)\ln\left[\frac{\pi^2}{16} - \frac{1}{9}\left(\frac{\pi^2}{16}\right)^9\right] \qquad (1.16)$$

$$D = 0.049\left(\frac{t_{0.5}}{l^2}\right)^{-1} \qquad (1.17)$$

这种方法被称为半时间法。在 Apeagyei 等的研究中比较了简化解析解与全解析解的区别，结果发现二者差异不大，在多数情况下上述两种方法可以替代解析解。

除 Fick 第二定律及其相关的简化模型外，还有一些研究人员针对非稳态扩散的现象提出了自己的模型。

Cheng 等[45]在其研究中分别针对沥青混凝土对水的吸附与吸收进行了经验模型的建立，其中部分模型是根据土的一维固结理论演化而来，见式（1.18）：

$$w = w_{100}\left(1 - e^{-\frac{3Dt}{l^2}}\right) + C \qquad (1.18)$$

式中：$w$——测试的水质量，g；

$w_{100}$——沥青膜的最大吸收量，g；

$C$——进行测量的水分压水平下的吸收常数。

式求解 $t$ 的导数，再两边取对数，得到式（1.19）：

$$\ln\left(\frac{dw}{dt}\right) = \ln\left(\frac{3Dw_{100}}{l^2}\right) - \left(\frac{3D}{l^2}\right)t \qquad (1.19)$$

其中，参数 $D$、$w_{100}$ 通过对第二阶段测试中获得的 USD 测试结果进行线性回归来确定。

Apeagyei 等[54]和 Xu 等[55]也介绍了另外两种模型，其中的朗格缪（Langmuir）吸附模型包含两个模型参数和两个概率参数，具体见式（1.20）[59, 60]：

$$\frac{M_t}{M_\infty} = 1 - \frac{\beta}{(\alpha+\beta)}e^{-\alpha t} - \frac{\alpha}{(\alpha+\beta)}\frac{8}{\pi^2}e^{\frac{-D_t \pi^2 t}{l^2}} \tag{1.20}$$

式中：$\beta$——单位时间自由水结合的概率，%；

$\alpha$——单位时间结合水自由的概率，%；

其余符号含义同上。

朗格缪吸附模型本质上是在 Fick 模型的基础上增加了两个概率参数 $\alpha$ 与 $\beta$。假设被吸收的水分子存在两种相态——自由相和结合相，自由相水分子的扩散遵循 Fick 定律，扩散系数与浓度有关。自由相水可在单位时间概率 $\beta$ 下变成结合相，模型同样假设水分在单位时间内由结合状态变为自由状态的概率为 $\alpha$。选择朗格缪吸附模型是因为它已经成功地用于研究某些不完全遵循菲克定律的聚合物中的水分[59,60]。

Apeagyei 等[54]以及 Xu 等[55]介绍的另一种模型是时间变量扩散模型。这个模型包含三个参数，平衡吸水量、初始扩散系数以及描述扩散随时间变化的常数。这个模型本质上是将式（1.13）的扩散系数变为时间的函数。

$$D = D_0 e^{-\lambda t} \tag{1.21}$$

式中：$D_0$——初始扩散系数，$m^2/s$；

$\lambda$——扩散系数随时间的变化率，%。

与朗格缪吸附模型类似，时间变量扩散模型是将 Fick 模型中的物理时间 $t$ 替换为等效时间 $t^*$，$t^*$ 定义为扩散系数随时间的变化率的函数：

$$t^* = \frac{1-e^{-\lambda t}}{\lambda} \tag{1.22}$$

时间变量扩散模型的优点是考虑了与时间相关的物理变化，例如考虑了与聚合物和其他黏弹材料相关的老化、固化以及应力松弛等变化，沥青胶浆也是黏弹材料的一种。将式（1.21）与式（1.22）代入式（1.13）可以得到时间变量扩散模型，具体见式（1.23）：

$$\frac{M_t}{M_\infty} = 1 - \sum_{n=0}^{\infty} \frac{8}{(2n+1)^2 \pi^2} e^{\frac{-D_0(2n+1)^2 \pi^2 t^*}{l^2}} \tag{1.23}$$

在 Apeagyei 等[54]以及 Xu 等[55]研究中认为朗格缪吸附模型以及时间变量扩散模型比 Fick 模型在某些场景的精度更高。

Kassem 等[38]利用热电偶极测量了试件中随时间变化的基质吸力，不同于质量法，他们利用基质吸力随时间的变化来计算扩散系数。扩散系数可以通过监测样品中总吸力随时间的变化来测量。通过应用均热试验的边界条件，Mitchell[61]发展了以下方程：

$$h_t = h_{tl} + \frac{4(h_{tl} - h_{t0})}{\pi} \sum_{n=1}^{\infty} \frac{(-1)^n}{2n-1} \times \exp\left[\frac{(2n-1)^2 \pi^2 t\alpha}{4l^2}\right] \cos\frac{(2n-1)\pi x}{2l} \quad (1.24)$$

式中：$h_t$ ——吸力随位置和时间的函数；

$h_{t0}$ ——试件中的初始吸力，N；

$h_{tl}$ ——液体（水）的吸力，N；

$\alpha$ ——扩散系数，m²/s

$t$ ——时间，s；

$x$ ——距离封闭端的距离，m；

$l$ ——试件的总长度，m。

#### 1.3.2.4 沥青基材料的扩散系数

利用沥青混凝土的吸湿曲线与相关模型可以求解出扩散系数。虽然扩散系数是混合料自身的性质[15]，但其值会受周围环境影响（如水分、温度等），因此，许多研究人员求解出扩散系数差异很大。Apeagyei 等[54]总结了造成这一差异的原因：① 试验方式不同（重量法，干湿法等）；② 混合料不同（沥青胶浆，沥青混凝土，混合料设计等）；③ 水分浓度不同（15%RH，85%RH，100%RH，液态水等）；④ 试件几何尺寸不同（厚度直径比从 1 到 30 不等）；⑤ 试验持续时间也不同（从 1 个月到 21 个月不等）；⑥ 用于估计扩散系数的理论模型不同。近年来研究人员利用不同方法求得的扩散系数，具体见表 1.1。

表 1.1 文献中的扩散系数

| 作者 | 混合料类型 | 环境条件 | 试件尺寸 | 模型 | 扩散系数 ($\times 10^{-12}$)/(m²/s) |
|---|---|---|---|---|---|
| Kassem 等[38] | 沥青混凝土（52.4%粗集料，35.0%细集料，4.6%熟石灰矿粉；8.0%PG 76-22 沥青） | 25 ℃ 水浴 | 直径为 50 mm，高度为 50 mm 的圆柱形试件 | 基质吸力模型 | 10.3 |
| | FAM（66.2%细集料，25.8%石灰矿粉；8.0%沥青）(PG 64-22，PG 64-28) | | | | 9.72，24.3 |
| Kassem 等[21] | 沥青混凝土（N/A） | 25 ℃ 水浴 | 直径为 100 mm，高度为 100 mm 的圆柱形试件 | 基质吸力模型 | $2.92 \times 10^2 \sim 5.67 \times 10^3$ |
| Kringos 等[57] | FAM（50%细集料，25%矿粉，25% Pen 70/100 沥青） | 25 ℃，85%RH 环境箱 | 直径为 30 mm 圆形试件，厚度分别为 30 mm、9 mm、3 mm 和 1 mm | Fick 第二定律 | 0.13～0.36 |
| Arambula 等[37] | 沥青混凝土（47.3%粗集料，42.5%砂，1.7%矿粉，8.5%PG 70-22 沥青） | 35 ℃，15%RH 环境箱中 | 直径为 70 mm 厚度为 4～5 mm 圆形试件 | Fick 第一定律 | 254.0 |

续表

| 作者 | 混合料类型 | 环境条件 | 试件尺寸 | 模型 | 扩散系数 ($\times 10^{-12}$)/(m²/s) |
|---|---|---|---|---|---|
| Vasconcelos 等[62] | FAM（N/A） | 室温水浴以及 37.8 ℃ 水浴 | 直径为 12 mm, 高度为 50 mm 圆形试件 | Fick 第二定律 | 0.78～4.9 |
| Vasconcelos 等[41] | 沥青 | 室温水浴 | FTIR-ATR 标准试件, 厚度 0.66～1.3 μm | Fick 第二定律特解 | $9.6 \times 10^{-7}$ ～ $9.39 \times 10^{-6}$ |
| | | | | 双扩散模型 | $9.7 \times 10^{-6}$ ～ $4.0 \times 10^{-5}$ |
| Vasconcelos 等[42] | 沥青 | 干湿循环（室温水浴+24 h 除水干燥）1～3 次 | FTIR-ATR 标准试件, 厚度为 0.66～1.3 μm | 双扩散模型 | $2.9 \times 10^{-5}$ ～ $5.7 \times 10^{-4}$ |
| Apeagyei 等[52] | 集料-沥青-集料 | 20 ℃ 浅水浴（浸没集料水位线至沥青界面下方 1～2 mm 处） | 直径为 17.75 mm, 高度为 62 mm 的圆形试件 | Fick 第二定律 | 0.24～12.76 |
| | | | 直径为 23 mm, 厚度为 15 mm 的两块集料板之间夹 3 mm 厚的沥青胶浆 | Peleg 模型 | 7 350 |
| Apeagyei 等[54] | FAM（50%细集料, 25% 矿粉, 25% Pen 40/60 沥青） | 23 ℃, 85% RH 环境箱 | 直径为 25 mm, 厚度为 2.18～4.66 mm 圆形试件 | Fick 第二定律 | 0.87～5.34 |
| | | | | Langmuir 模型 | 1.22～3.90 |
| | | | | 时间变量模型 | 0.89～3.06 |

续表

| 作者 | 混合料类型 | 环境条件 | 试件尺寸 | 模型 | 扩散系数 ($\times 10^{-12}$)/(m²/s) |
|---|---|---|---|---|---|
| Apeagyei 等[44] | FAM（50%细集料，25%矿粉，25%沥青） | 室温 85%RH 干燥器 | 直径为 25 mm，厚度为 1.5~5.5 mm 的圆形试件 | Fick 第二定律简化形式 | 1.33~4.75 |
|  |  | 23 ℃，85%RH 环境箱 |  |  | $6.4 \times 10$ ~ $3.61 \times 10^2$ |
| Apeagyei 等[63] | 集料-FAM（50%细集料，25%矿粉，25%沥青）-集料 | 20 ℃ 浅水浴（浸没集料水位线至沥青界面下方 1~2 mm 处） | 直径为 20 mm 柱形集料块之间夹 3 mm FAM | Fick 第二定律简化形式 | $3.28 \times 10^2$ ~ $1.27 \times 10^4$ |
| Xu 等[55] | FAM（N/A） | 20 ℃，90%RH 环境箱 | 直径为 50 mm，厚度为 5 mm 圆形试件 | Fick 第二定律 | $4 \times 10^2$ ~ $1.2 \times 10^3$ |
|  |  |  |  | Langmuir 模型 | $7 \times 10^2$ ~ $1.4 \times 10^3$ |
|  |  |  |  | 时间变量模型 | $7 \times 10^2$ ~ $9 \times 10^3$ |
| Luo 等[47] | 沥青混凝土（密级配 AC-20 型，沥青含量 4.3%） | 20 ℃，50%RH | 直径为 12 mm，高度为 20 mm 圆形试件 | Fick 第二定律（柱形三维特解） | $2.69 \times 10^2$ |
|  | FAM（截取 AC-20 型 0~1.18 mm 级配段） | GSA 处理 |  | Fick 第二定律（柱形三维特解） | $1.77 \times 10^2$ |

续表

| 作者 | 混合料类型 | 环境条件 | 试件尺寸 | 模型 | 扩散系数 ($\times 10^{-12}$)/(m²/s) |
|---|---|---|---|---|---|
| Huang 等[64] | 沥青混凝土（密级配 AC-20 型，沥青含量 4.3%） | 50 ℃，50%RH | 直径为 12 mm，高度为 20 mm 圆形试件 | Fick 第二定律（柱形三维特解） | $4.01 \times 10^2$ |
| | FAM（截取 AC-20 型 0～1.18 mm 级配段） | GSA 处理 | | | $1.11 \times 10^2$ |
| Nguyen 等[39] | 沥青 | 室温水浴 | 50 mm × 10 mm 方形硅质基座上布 1 mm 厚的沥青膜 | Fick 第二定律特解 | 1.4～3.3 |
| Cheng 等[45] | 沥青 | 75%RH 水分环境 | USD 试验标准试件（具体尺寸：N/A） | 土壤一维固结模型 | $1.33 \times 10^3$～$4.83 \times 10^3$ |
| Montgomery[65] | 空隙 | N/A | N/A | Fick 定律 | $2.64 \times 10^7$ |
| Geankopolis[66] | 空隙 | N/A | N/A | Fick 定律 | $2.6 \times 10^7$ |
| Kassem[67] | 集料 | N/A | N/A | Fick 定律 | 石灰石：$3.33 \times 10$～$2.42 \times 10^2$；花岗岩：$8.06 \times 10$～$1.94 \times 10^2$ |

表 1.1 汇总了近年来具有代表性的研究成果,经过研究人员对沥青基材料的扩散系数研究,基本可以得出结论:水分在沥青基材料中的扩散率远大于液态水。因此,对沥青基材料中的水分扩散研究十分有必要。

### 1.3.3 水损伤机理

#### 1.3.3.1 沥青混凝土水损伤机理

根据 1.3.1 节及 1.3.2 节中所述,环境中的水分会通过各种不同的方式进入沥青路面导致损伤的发生,这一过程通常是内外因共同作用的结果。内因包括组成材料的黏结、路面结构等;外因包括行车荷载以及环境因素等[13]。这些影响因素会对沥青混凝土自身的物理性质造成不同程度的影响,如空隙率变化、力学强度下降等,最终导致沥青路面出现剥落、松散等典型水损害或是开裂、车辙等一般性损害,如图 1.10 所示。

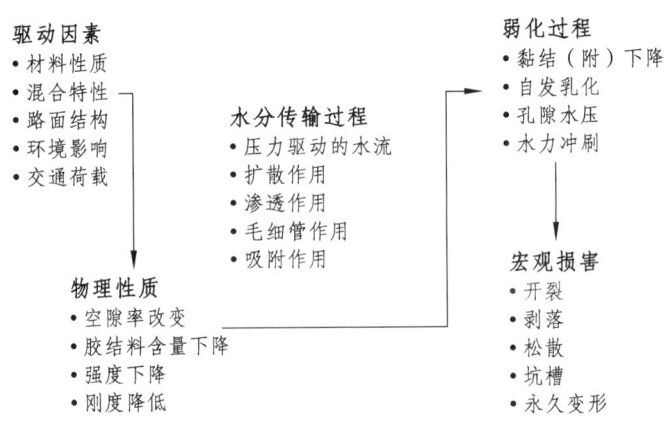

图 1.10 沥青路面中水损害过程的影响因素

本书的重点聚焦于沥青路面中因环境水分渗入所导致的沥青混凝土弱化现象,以及这一现象对宏观性能的后续影响。当水分进入沥青混凝土中并进行传输时,弱化会以脱附、滑动、自发乳化、孔隙水压以及水力冲刷等形式发生[16],最终导致的路面破坏形式为开裂和永久变形[13]。上述的水分弱化本质上是由两方面原因导致:沥青-沥青的黏结力丧失和沥青-集料的黏附力丧失[69]。

虽然集料的破碎以及集料质量也可能导致沥青混凝土出现破坏，但 Stuart[70] 发现，由于集料强度损失而导致的沥青混凝土水损害在实际中并不常见。因此，研究沥青混凝土因水分导致的损害，需要对其内部的黏结（附）失效进行研究。

在沥青混凝土中，通常认为黏结失效是指沥青胶结料丧失维持自身形态所需黏结力的过程；而黏附失效是指集料与沥青胶结料之间丧失维持二者黏附状态所需黏附力的过程。沥青混凝土中的黏结（附）失效如图 1.11 所示。

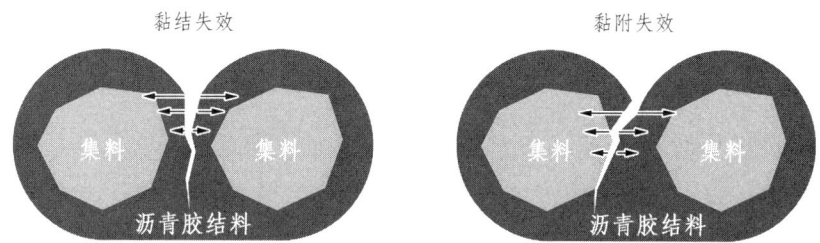

图 1.11　沥青混凝土中的黏结（附）失效

通常，在微观层面，黏结力是指将固体或液体中的分子固定在一起的分子间作用力，主要表现为集料周围的沥青膜在荷载作用下发生的变形，该变形发生在距集料外缘一定距离处，且不受机械咬合和分子取向的影响，将抵抗这一变形的力定义为黏结力[71]。在宏观层面，黏结力构成了材料的整体性。黏结力在胶浆中形成，并受沥青胶结料黏度的影响。沥青胶结料的黏度取决于温度，沥青混凝土中产生的黏结力与温度成反比。

沥青胶浆通常会由于水分的出现而丧失黏结力。水在沥青中可能表现为溶剂，导致强度降低和永久变形增加。Cheng 等[72]研究表明，保留最多水分的沥青会以更快的速度累积损害。在极端情况下，水和沥青相互作用会导致二者的相互乳化[73,74]。

沥青胶结料和集料之间的化学相互作用对于理解压实沥青混凝土抵抗水分损害的能力至关重要。Curtis 等[75]测量了吸附能，表明在沥青和集料黏结过程中发生了物理吸附而不是化学吸附。物理吸附是由于表面能成分之间的相互作用（静电、偶极-偶极和范德华）。在界面附近的附着力和对水分的敏感性方面，集料化学成分比沥青更具影响[75]。

集料可以分为亲水性集料与疏水性集料。亲水性集料，如硅质集料（如花岗岩），往往比疏水性集料（如石灰石）更容易发生剥落。一些集料可能同时显示这两种特性，因此根据集料的表面电荷进一步分为正电性与负电性[70]。尽管集料在一些研究中被分为差、一般和良好等几类，但均可制成合格的沥青混凝土[76]，说明沥青在其中起到了关键性作用。

为了与集料有效黏结，沥青胶结料应裹附或"湿润"集料。沥青或任何液体的润湿能力是其表面能的函数。固体（或液体）的表面自由能是形成该固体单位面积新表面所需能量的量度。目前，基于 Good-van Oss-Chaudhury 理论，沥青胶结料和集料表面自由能已经可以准确测定[72,77-79]。根据上文讨论的结果，固体表面的自由能可以表示为极性部分与非极性部分的和，即

$$\gamma^{\text{total}} = \gamma^{\text{LW}} + 2\sqrt{\gamma^+ \gamma^-} \quad (1.25)$$

式中：$\gamma^{\text{LW}}$——范德瓦尔斯分量，$mJ/m^2$；

$\gamma^+$——Lewis 酸性分量，$mJ/m^2$；

$\gamma^-$——Lewis 碱性分量，$mJ/m^2$。

有很多方法可以用来测试材料的表面能。例如原子力显微镜[80]、核磁共振成像[74]、反向气相色谱法[81]、接触角法[72,78,82]。固体的表面自由能不能直接确定，但是根据已知表面自由能值的固体和液体之间的试验接触角测量，可以确定液体和固体之间的黏附功，并可以计算固体的表面自由能。

根据试验测量的参数接触角 $\theta$ 和平衡扩散压力 $\pi_e$，计算具有未知表面自由能的固体 $X$ 和探针液体或水分 $P$ 之间的黏附功，并与表面自由能相关，具体见式（1.26）[77]：

$$2\sqrt{\gamma_X^{\text{LW}} \gamma_P^{\text{LW}}} + 2\sqrt{\gamma_X^+ \gamma_P^-} + 2\sqrt{\gamma_X^- \gamma_P^+} = \pi_e + \gamma_P^{\text{total}}(1 + \cos\theta) \quad (1.26)$$

沥青胶结料是低能表面，平衡扩散压力 $\pi_e$ 可忽略不计，设置为 0，因此仅测量接触角。集料是一种高能表面，其中接触角设置为 0，摊铺压力通过试验确定。必须确定三种不同探针材料的接触角或平衡扩散压力，以生成三个

方程，同时求解固体表面能成分[77]。沥青 $\gamma_A$ 和集料 $\gamma_S$ 的表面自由能值 $\Delta G_{AS}$ 用于计算总黏结能，计算式为

$$\Delta G_{AS} = \frac{dU_S}{dA} = \gamma_A + \gamma_S - \gamma_{AS} \qquad (1.27)$$

其中，$\gamma_{AS}$ 是沥青和集料之间的界面表面能，计算式为

$$\Delta G_{AS} = 2\sqrt{\gamma_A^{LW}\gamma_S^{LW}} + 2\sqrt{\gamma_A^+\gamma_S^-} + 2\sqrt{\gamma_A^-\gamma_S^+} \qquad (1.28)$$

式（1.28）可以用来计算沥青与集料之间的干表面能，结合式（1.27）和式（1.28）可以得到沥青混凝土的界面表面能，计算式为

$$\gamma_{AS} = \gamma_A + \gamma_S - 2\sqrt{\gamma_A^{LW}\gamma_S^{LW}} - 2\sqrt{\gamma_A^+\gamma_S^-} - 2\sqrt{\gamma_A^-\gamma_S^+} \qquad (1.29)$$

关于有水状态下的沥青与集料的黏附力，很多研究人员提出了一个较为可靠的计算方法[48,78,82,83]：在有水的情况下，沥青-集料系统的界面表面能根据各组分的单独表面能确定。水可以置换出集料表面的沥青，可以用式（1.30）表示出水使沥青与集料的脱附功[84]：

$$\Delta G_{WAS} = \gamma_{AW} + \gamma_{SW} - \gamma_{AS} \qquad (1.30)$$

其中，$\gamma_{AS}$ 用于确定通过水产生沥青-水界面单位面积和集料-水界面单位面积来置换沥青-集料界面单位面积所需的能量。

$\Delta G_{WAS}$ 的大小用于确定水从集料界面置换沥青的可能性，其值越大，自由能减少的幅度越大，并且意味着水在集料表面置换沥青的可能性越大。$\Delta G_{AS}$ 与 $\Delta G_{WAS}$ 均用于评估材料的水分敏感性，并预测沥青混凝土中的水分损害[48,77,83,85,86]。

黏结强度只是沥青和集料之间实际黏结强度的一个组成部分，沥青-集料界面的黏结强度不仅是界面力的函数，还是界面区和界面两侧体相的力学性质的函数。式（1.27）和式（1.30）未考虑沥青胶结料的黏弹性性质对胶结料能量的影响。此外，沥青-集料系统中胶结料的塑性功可能远比界面处的 $\Delta G_{WAS}$ 大。将沥青膜从基底上分离所需的应力是材料特性的函数，如体积模

量、膜厚度、因储存应变能而产生的弹性能、塑性变形所消耗的功以及黏合界面功[13]。

沥青与集料的机械胶合或黏附强度主要取决于集料的物理性质，这些特性包括：表面积和纹理、表面涂层、粒度和空隙率或吸收率[69]。在一个较强的沥青-集料黏附体系中，集料通常都具有粗糙、多孔、表面积大等特性。Kandhal[87]认为，与沥青胶结料的性能相比，矿物集料的物理化学表面性能对于水分导致的剥落更为重要。

因此，从上述表面能理论的分析可以看出，一旦水进入沥青混凝土（无论以何种形式）就会对沥青胶结料自身的黏结以及集料和沥青胶结料之间的黏附产生影响，从集料表面剥落沥青膜，产生黏结（附）失效。而这样一种影响的结果会加速沥青混凝土本身物理-力学性能的弱化，导致沥青路面寿命降低，影响耐久性。

#### 1.3.3.2 沥青路面水分损伤机理

沥青混凝土中的水分会弱化沥青胶结料自身黏结性能以及沥青胶结料与集料的黏附性能，当施加荷载时，弱化的沥青混凝土无法提供长期稳定的性能支撑，导致沥青路面较早出现车辙、开裂等宏观损害。

沥青路面的开裂通常包括疲劳开裂、温度开裂等。疲劳开裂是路面结构的主要破坏形式之一，其破坏机制受荷载影响显著。疲劳裂缝是由沥青路面或稳定基层在循环交通荷载作用下发生破坏所引起的一系列相互连接的裂缝[88]。通常疲劳开裂有两种演化形式，即"Bottom-up"开裂与"Top-down"开裂。

"Bottom-up"开裂始于沥青层底部（在行车荷载作用下，该位置处产生的拉应力或拉应变最大），随后裂纹由下向上传播至路表，在路表沿道路中线呈纵向分布。由于重复加载，裂纹连接并形成类似于鳄鱼皮肤的形貌，所以也称为"鳄型裂纹"。

"Top-down"开裂是开裂由路表起始、逐渐向下传播的开裂模式，通常出现在较厚沥青路面层中。近年来，在我国半刚性基层沥青路面的结构中发现了较多该类型的开裂。在一小块沥青路面上出现多条裂纹时，或在沥青路面内部出现局部崩解时，水分会汇集在这些缺陷位置，进而导致坑槽的发生。

疲劳开裂的发生与沥青路面下部支撑减弱有很大关系，通常由于行车荷载的反复作用，沥青层底会出现较多损伤，而水分在这一位置进一步减弱了沥青混凝土的完整性，导致该位置处出现缺陷，沥青层有效厚度降低，加剧了沥青层底的弯拉效应，由此加速了疲劳开裂的产生。

温度开裂与疲劳开裂的不同之处在于温度开裂与荷载的联系并不显著，而主要受温度热胀冷缩影响。温度的变化会在沥青面层内部引发循环应力与应变作用，这些效应作用于沥青面层，导致其产生横向或纵向的裂纹。目前研究表明，不同水分状态下沥青混凝土的低温开裂有明显的不同，因此，水分很可能会对沥青路面的温度开裂性能产生影响[89]。

上述过程不仅受到外界荷载影响，也与环境中的水分有很大关系。而后者主要通过水分弱化效应降低沥青混凝土自身的强度，放大了荷载作用，降低了沥青路面使用年限。

### 1.3.4 评价水损害的试验方法

在一份发起于 2002 年的调查中，美国 87% 的州开发了有关高速公路水稳定性的试验，而其中的 62% 的州更是将水稳定性测试结果纳入到了沥青混凝土的设计过程中[90]。我国也在沥青路面设计的材料要求和设计参数中提出了有关水稳定性的要求[91]。目前，用于评价沥青混凝土水稳定性的试验可以大致分为两类：用于评价松散混合料的试验和用于评价压实试件的试验。最早用于评价沥青-集料体系水稳定性的试验包括水煮法[92]和静浸试验[93]。但由于这两种方法主要依赖于主观判断，因此很难与现场性能建立直接联系[87]。后来又演变出了动态以及化学浸水试验[94]、表面反应试验[95]、旋转瓶试验[93]、拉拔试验[96]以及吊片法测表面能[45,83]等。

相比松散混合料的水稳定性试验，压实沥青混凝土试件的水稳定性试验与现场性能的联系紧密而被广泛使用，主要包括：水敏感试验以及浸水压实试验[97]、浸水马歇尔试验[94]、冻融劈裂试验[98]等。目前诸多研究已经证明，在众多试验方法中，冻融劈裂仍然是建设前预测沥青混凝土水稳定性的最可靠方法[99]，因此在美国有接近82%的机构使用该方法评价沥青路面水稳定性[13]。

我国的冻融劈裂试验是我国根据美国AASHOT T283改进之后的试验方法。而AASHOT T283也被称为改进的Lottman方法，最早由Lottman于1978年提出[100]；后来Tunnicliff以及Root在其基础上对该方法进行了改进，也就是后来的ASTM D4867[101]；在1985年之后，改进Lottman方法进一步发展，最终形成AASHOT T283。目前，冻融劈裂试验方法具有很强的包容性，其测试试件来源可以是现场取芯也可以是试验室成型。室内成型方法包括马歇尔法、旋转压实法等，试件尺寸可以是直径100 mm，高度63.5 mm±2.5 mm的圆柱形试件，也可以是直径150 mm，高度95 mm±5 mm的圆柱形试件，之后对试件进行物理参数的测定（包括毛体积密度、厚度、直径等）。在水分处理前需要对试件进行真空处理，在97.3 kPa真空压下保持15 min（不同的规范在这一步存在一些差异，本书所述为我国的冻融劈裂试验方法），使水充分进入试件中，最后将试件封入袋中，同时注入10 mL水。水分处理的流程通常包含两个基本步骤，分别是−18 ℃保存至少16 h，之后取出试件放入60 ℃水浴中浸泡24 h。在进行测试前还需要将试件转入25 ℃水浴中保存2 h。冻融劈裂试验流程如图1.12所示。

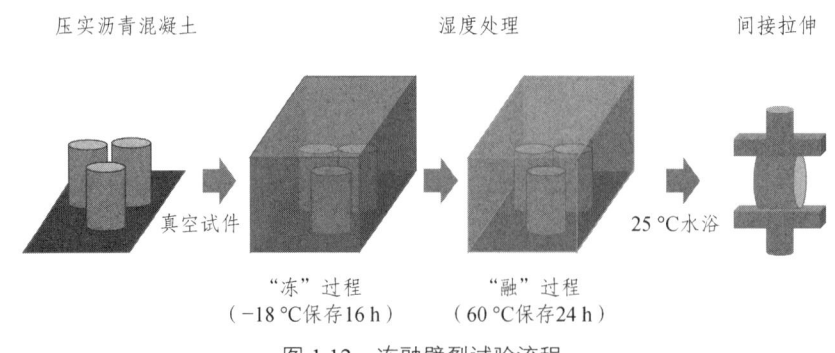

图1.12 冻融劈裂试验流程

间接拉伸（劈裂）试验用于测试沥青混凝土试件冻融前后的拉伸应力情况，间接拉伸强度是竖向荷载施加过程中试件所能承受的最大应力。沥青混凝土的间接拉伸强度能够反映沥青路面底部在行车荷载作用下的受力情况，因此十分重要，在试验中可按照式（1.31）进行计算：

$$S = \frac{2P}{\pi t d} \quad (1.31)$$

式中：$S$——拉伸强度，MPa；

　　　$P$——破坏试件所需的最大荷载，kN；

　　　$t$——试件厚度，mm；

　　　$d$——试件直径，mm。

压实沥青混凝土试件的水稳定性可以通过计算拉伸强度比（Tensile Strength Ratio，TSR）来获得，通过计算冻融前后试件的拉伸强度的比值可得，通常拉伸强度比的值不得低于0.8。

$$TSR = \frac{S_{\text{wet}}}{S_{\text{dry}}} \quad (1.32)$$

式中：$TSR$——拉伸强度比，无量纲；

　　　$S_{\text{wet}}$——经过冻融处置后试件拉伸强度的平均值，MPa；

　　　$S_{\text{dry}}$——原样试件拉伸强度的平均值，MPa。

冻融劈裂的试验方法近年来也得到进一步发展与应用。2013年，Özgan等[102]使用冻融劈裂方法对沥青混凝土在冻融作用下的物理和力学性能进行了分析，他们发现，该方法能够显著降低沥青混凝土的力学特性。2015年，Xu等[103]发现冻融循环作用在微观结构上能够使沥青混凝土中的空隙膨胀，进而导致空隙相互连通并生成新的空隙，沥青混凝土微观结构变化也会导致宏观性能的演化。2018年，Cheng等[104]发现沥青混凝土的冻融劈裂试验结果中应力-应变关系的非线性特征更加显著，线性区应力比与线性区应变比均有所降低。另外，Chen等[105]发现，对冻融循环后的沥青混凝土进行了间接拉伸以及动态模量的测试，结果发现冻融作用造成的沥青混凝土水损害并不单一，而是包含了多个力学参数的变化。另外，不少研究人员也对开级配沥青混凝土在冻融作用下的性能演化进行了分析，结果表明开级配沥青混凝土在冻融循环后损坏的原因多为黏结力损伤[106]。Sol-Sánchez等[107]分析了不同冻融循环次数后的沥青混凝土力学性能演化，他们发现首次冻融循环造成的力学损伤是最显著的，之后对沥青混凝土的损伤会随冻融次数的增加而减弱。

虽然冻融劈裂试验使用较广，但仍有诸多需要改进之处，例如，未将密度等能够反映现场真实状况的指标放入评价体系中。此外，冻融劈裂未将混凝土的水稳定性与气候和交通量结合起来，无法对设计沥青混凝土的长期性能进行预测。

在这样的背景下，研究人员共同开发了汉堡车辙试验（Hamburg Wheel Tracking Device，HWTD）[108]，将水分作用与重复的行车荷载相结合，测量了车辙深度与车轮通过次数之间的关系，用来确定沥青混凝土对诸如集料结构弱化、胶结料模量不足以及水损害所导致过早破坏的敏感性，如图 1.13 所示。

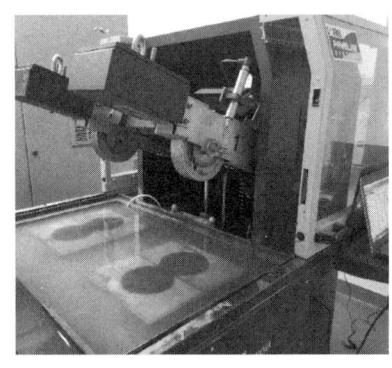
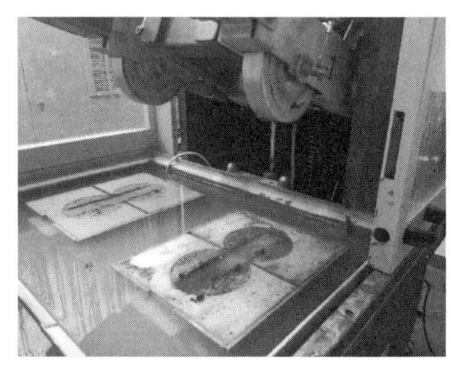

（a）试验前　　　　　　　　（b）试验后

图 1.13　汉堡车辙试验

通常汉堡车辙试验包含两个步骤：压实沥青混凝土试件的饱水过程以及重复作用的车轮荷载。因此，汉堡车辙的试验结果可以用来预测沥青路面的潜在永久变形量以及沥青混凝土的水损害。汉堡车辙所用的试件可以通过现场取芯也可以通过室内旋转压实成型获得，最终形成直径 150 mm 的试件（空隙率控制在 7%±1%），放置于模具中，如图 1.14 所示。试件需要先在 50 ℃水浴中保存一段时间，当试件温度与水浴温度相同后，一个 47 mm 的金属车轮就会开始以 705 N 的荷载反复作用于试件表面。试验通常设置在车轮通过次数为 20 000 次时停止，也会在两车轮平均位移传感器或单个传感器为 40.9 mm 时停止。

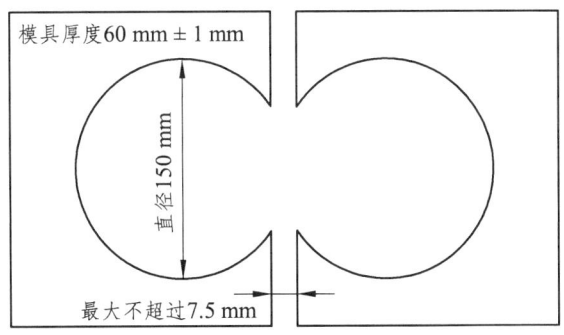

图 1.14  汉堡车辙试件及模具尺寸

将车辙深度与车轮通过次数的关系进行绘图,即汉堡车辙典型图线如图 1.15 所示。

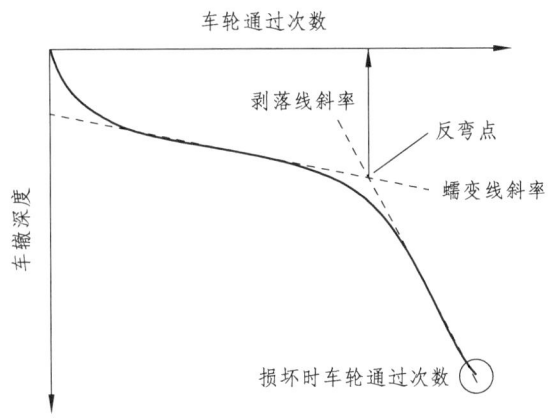

图 1.15  车辙深度与车轮通过次数关系

图 1.15 所示的汉堡车辙结果通常包含两段曲线:第一段曲线代表蠕变(车辙)线;第二段会在变形速率突然增加时开始,且第二段与沥青胶结料从集料表面的剥离变形一致,所以是剥落线。剥落反弯点是两段曲线截距差值与斜率差值的比值,可按式(1.33)进行计算:

$$剥落反弯点 = \frac{截距_{剥落线} - 截距_{蠕变线}}{斜率_{剥落线} - 斜率_{蠕变线}} \qquad (1.33)$$

有研究表明，相比冻融劈裂试验，汉堡车辙试验的评价体系更为科学，能够更加可靠地对沥青混凝土的水稳定性进行评价[109]。但同样，针对汉堡车辙试验结果的讨论仍然存在，不少研究人员认为应当将蠕变线与剥落线分开讨论，例如蠕变线可以代表沥青混凝土的抗车辙能力，而剥落线可以代表沥青混凝土抗水损害能力[110]。出现这些不同讨论的原因在于试验中未能真正区分沥青混凝土的永久变形与剥落变形，从而在评价沥青混凝土水稳定性时，试验结果受到了车辙所引起的误差影响。目前，不少研究通过将评价体系细化[111]以及调整试验过程[112]，来尽可能排除车辙与剥落对彼此的影响。但这些方法并未得到广泛认可，还需进一步验证与改进。

包括冻融劈裂试验和汉堡车辙试验在内的多数评价沥青混凝土水稳定性的试验，出发点都是模拟水对沥青混凝土所造成的损伤。动水冲刷试验是模拟行车荷载作用下水对沥青混凝土冲刷作用的试验方法，近年来得到的关注较多，其中典型的试验方法是沥青混凝土水敏感性试验（Moisture Induced Sensitivity Tester，MIST）。早在1974年，Jimenez[113]就利用10 Hz下的孔隙水压循环对沥青混凝土试件进行了处理，结果发现，处理后的体积指标变化很好地预测了水损害的发生。Mallick等[114]在Jimenez的概念基础上，进一步将其发展为一个独立的处理系统。该系统核心为一个压力室，该压力室通过充满空气的气囊进行加压，并利用活塞在置于水中的试件上施加静水压。这一水分处理程序被命名为水分诱导应力试验（MIST）处理方法，它是MIST试验标准ASTM D7870[115]的基础。用于MIST试验的沥青混凝土试件同样可以来源于旋转压实成型或其他方法，试件尺寸可以是直径100 mm，高度63.5 mm±2.5 mm的圆柱形试件，也可以是直径150 mm，高度95 mm±5 mm的圆柱形试件，空隙率应在6.5%~7.5%。将成型好的试件放入MIST舱体中，使用金属盘将彼此分离，通常一次测试3枚试件。试验开始前需要将舱体注满水且保温至60 ℃（温拌沥青混凝土设50 ℃）之后进行预加载排除舱内空气。MIST试验如图1.16所示。

图 1.16　MIST 试验

MIST 试验的初衷是为模拟实际路面上行驶的汽车在饱和沥青混凝土中产生的孔隙水压力。ASTM D7870 中推荐孔隙水压为 276 kPa，循环次数为 3 500 次。Gao 等[116]在 80 km/h 的速度下，当轮胎充气压力为 260 kPa 时，测得汽车表面的压力约为 200 kPa。而施加 3 500 次压力循环大概需要 3.5 h，即 1 000 次/h。这意味着 3 500 次循环模拟了浸水路面，平均每小时交通量为 500，持续 3 h 的实际路面情况。以美国的实际路况为例，275 kPa 的室压是施加在路面上的压力的下限，这是因为美国卡车的正常推荐轮胎压力范围为 240～550 kPa[117]。考虑到美国多数公路的年平均日交通量（AADT）超过 25 万辆，且每小时交通量亦在 10 000 辆以上，因此，3 500 个 MIST 周期实际上反映了实际交通负荷的最小值。

近年来，利用 MIST 进行沥青混凝土水损害表征已有了很多成果。Vishal 等[118]对比了两种常见的水分处理方法——冻融循环与 MIST 对沥青混凝土水稳定性的影响。他们的研究结果显示，在 40 ℃ 条件下进行 MIST 处理，无论施加的压力如何，均会导致与 AASHTO T283 标准条件处理相似的水分损害。在 MIST 处理过程中，随着温度和压力的升高，间接拉伸强度和拉伸强度比均呈现下降趋势，且温度的影响比压力更为显著。此外，根据拉伸强度比的试验结果，冻融循环水分处理对沥青混凝土造成的损伤，要大于在 40 ℃ 及任何压力下进行的 MIST 水分处理。Ahmad 等[119]对沥青胶结料水分处理前后的物理化学性质变化进行了研究。他们分别利用冻融循环与 MIST 对试件进行了水分处理，之后利用动态剪切流变仪对水分处理前后的试件进行了模量测试，结果发现老化总是伴随水损害发生的，且 MIST 水分处理会造成更多的损伤。Tarefder 等[120]利用 MIST 对热拌沥青混凝土（Hot Mixed Asphalt，HMA）分别进行了 3 500 次及 7 000 次孔隙水压的水分处理后，对试件进行了动态模量测试，比较了水分处理前后的动态模量的干湿比（Moisture Dry Ratio，MDR），结果发现，MIST 的水分处理会导致 MDR 值下降。通过分析，他们进一步验证了 MIST 试验结果的重复性和一致性。他们认为，利用 MIST 处理配合动态模量测试是一个用来表征 HMA 水损害的好方法。李达[121]分别采用了冻融劈裂试验与 MIST 试验评价了旧料掺量对温拌再生沥青混凝土耐久性的影响。他分别采用了 1 次冻融循环与 1 000 次孔隙水压循环的水分处理设定。结果发现，1 次冻融循环对混合料造成的抗变形能力的损伤略高于 1 000 次孔隙水压循环对混合料造成的损伤。任敏达等[122,123]对不同动水循环次数作用下沥青混凝土的结构与力学性能演化进行了分析，发现短期快速的动水压力并不一定会降低沥青混凝土的力学性能，在试件受到间接拉伸荷载时会减弱饱水空隙的孔口应力集中现象，导致性能的反向变化。

对于水损害过程而言，一个关键参数就是沥青胶结料与集料之间的黏附强度，以及在有水分出现后这一黏附强度的下降。尽管已有多种方法用于测定沥青胶结料与集料之间的力学黏附强度，但遗憾的是，尚无一种方法能够精确有效地获取这一数值。目前，用于评价沥青与集料黏附性的试验多来自涂料和黏结剂领域。为确定沥青胶结料的力学黏结强度，已开发出若干测试方法，Kanitpong 等[124]总结了这类方法的适用条件并展开了相关讨论。对于拉拔试验的具体方法，则收录于 ASTM D4541 规范[125]中。在早期，拉拔试验的操作过程如下：首先，将融化的沥青胶结料均匀地涂抹在已知表面积的夹具（可以是集料也可以是金属）表面；接着，固定一侧夹具，在另一侧夹具上施加荷载，使其分离；最后，记录加载过程中的受力情况。该试验操作采用气动黏附力试验仪（Pneumatic Adhesion Tensile Testing Instrument，PATTI），如图 1.17 所示。拉拔强度通常按照式（1.34）计算得到。ASTM D4541 规范中所记录的方法目前已得到众多研究的使用与证明[96,124,126-128]。

$$\sigma_{\text{avg}} = \frac{F}{A} \tag{1.34}$$

式中：$F$——拉拔头所能施加的拉力，N；

$A$——夹具的截面面积，$mm^2$。

将沥青从集料中拉出所需的力取决于两种材料之间的黏合强度（即黏结力）和沥青抵抗拉伸的能力。按照式（1.34）计算得到的拉拔强度是在假设应力在截面 $A$ 内均匀分布的前提下得到的[129]。但实际上，夹具与沥青胶结料之间模量差异较大，且在截面内拉应力并不是均匀分布的，而是三向受力的应力状态。

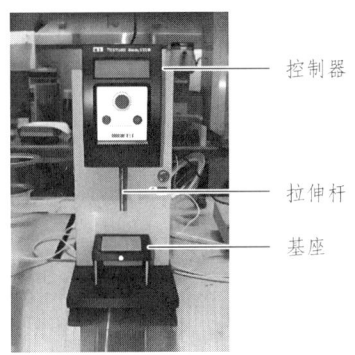

（a）PATTI

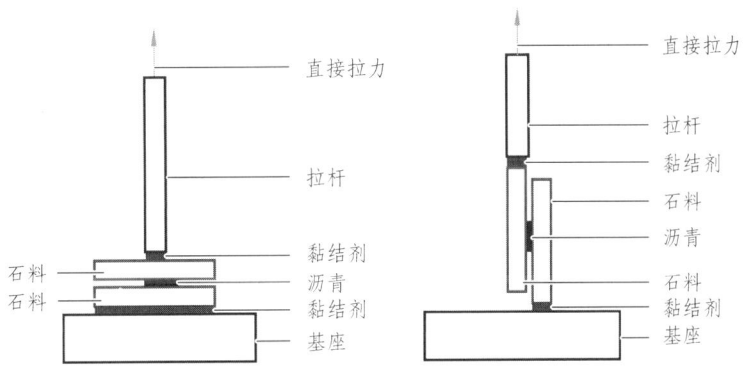

（b）PATTI 测试示意

图 1.17　气动黏附力试验仪

Youtcheff 等[128]对此试验方法进行了改进,使用多孔陶瓷片替代普通集料片,能够更快地使水通过。另外,为了克服应力分布不均匀的情况,减小了沥青膜面积(用量<10 g),且为了沥青膜厚度均匀,在沥青中混入 1%(质量分数)的直径 200 μm 的玻璃微珠。改进后试验装置如图 1.18 所示。

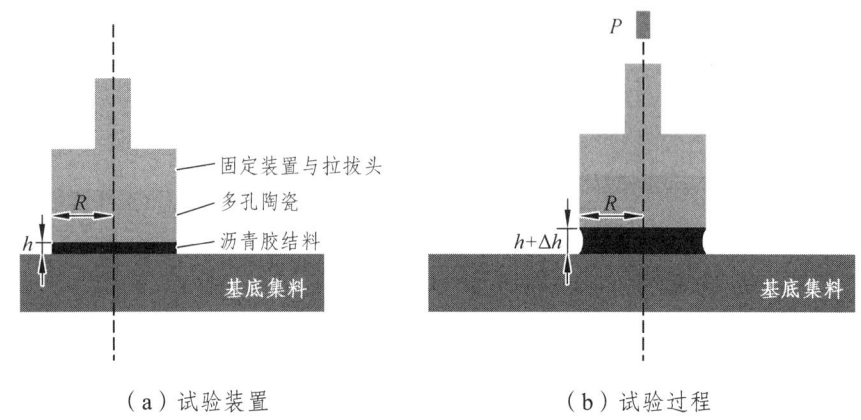

(a)试验装置　　　　　　　　(b)试验过程

图 1.18　改进后 PATTI

在试验与计算中仅考虑与沥青胶结料相接触的基底板的面积,即可认为夹具半径=胶结料半径=基底板接触面半径=$R$,试验前沥青胶结料厚度为 $h$ [图 1.18(a)]。当施加一个大小为 $P$ 沿竖向轴的外部拉伸力于拉拔头时,胶结料被拉伸,且其与空气的界面横向向内收缩,厚度增加至 $h+\Delta h$ [图 1.18(b)],最终发生破坏。试验记录破坏时的拉应力,沥青胶结料的黏结强度定义为破坏时的平均拉应力(Pull-Off Tensile Stress, POTS),按照式(1.35)进行计算:

$$POTS = \frac{(BP \times A_g) - C}{A_{ps}} \quad (1.35)$$

式中:$BP$——破坏时的拉力,N;

$A_g$——拉拔头垫片与固定装置的接触面积,mm$^2$;

$C$——拉拔头常数,N;

$A_{ps}$——多孔陶瓷板与沥青胶结料接触面积,mm$^2$。

基于 PATTI 的研究已经发现，对于干状态下沥青胶结料与集料的拉拔失效通常为黏结失效，即失效发生在沥青胶结料中；而在水分处理后，沥青胶结料与集料的拉拔失效通常为混合失效或黏附失效，即部分或全部失效发生在沥青胶结料与集料的界面[96,128]。因此，可以认为水分导致了沥青胶结料与集料之间黏附力的下降。

Youtcheff 等[128]基于拉拔强度随试件在水中浸泡时间增加而降低的规律，提出一个针对无老化和改性影响沥青胶结料的指数型经验模型，用于描述黏结强度的降低，具体见式（1.36）：

$$POTS_i = m_1 + m_2(1 - e^{-m_3 t_i}) \tag{1.36}$$

式中：$t_i$——浸水时间，s；

$POTS_i$——浸水时间 $t_i$ 下的拉拔强度，MPa；

$m_1$、$m_2$、$m_3$——拟合参数，式（1.36）得到的曲线特征由这三个拟合参数确定，根据其所代表的特征，分别赋予这三个参数不同的物理意义：$m_1$ 代表沥青胶结料的黏结强度 $POTS_{it_0}$，$m_2$ 代表 $POTS_{it_0}$ 与平衡阶段拉拔强度 $POTS_{it_{eq}}$ 的差值，$m_3$ 代表拉拔强度的下降率。

除上述试验方法外，近年来仍有诸多新型或改进方法用于评价沥青胶结料的黏结强度。根据拉拔方向的不同，拉拔试验又可分为剪切拉拔与法向拉拔试验，用来获得法向与切向的黏结强度。众多研究者使用动态剪切流变仪（DSR）来对沥青胶结料与集料的剪切黏结特性进行分析，将干燥与潮湿状态下的试件置于 DSR 上，通过分析流变性能差异来对水分影响进行表征[130]。另外一些研究者通过自制模具，能够在通用试验仪器（MTS 等）上实现沥青胶结料剪切破坏，通过对比干燥与潮湿状态下沥青胶结料的剪切强度来对水分影响进行分析，结果表明，剪切试验结果与相同集料与沥青进行的水煮法试验结果有很好的相关性[131,132]。还有一些研究者对不同剪切速率下水分对沥青胶结料的黏结强度影响进行了分析，结果发现，当剪切速率较大时，沥青胶结料自身的蠕变变形对试验结果影响较小，破坏形式主要为沥青与集料的黏附破坏；而当剪切速率较小时，加载过程中沥青胶结料会发生显著的蠕变变形，导致最终损坏形式主要为沥青内部的黏结破坏[133]。

除上述针对沥青胶结料黏结强度的研究外，大量的研究通过沥青混凝土性能的干湿对比来实现对水损害的评价。Sousa 等[134]利用动态力学分析仪（DMA）对小型沥青混凝土圆柱形试件（直径 12 mm，高度 50 mm）进行了分析，通过分析其在室温、10 Hz 应变控制下的振荡试验结果来对沥青混凝土潜在的抗水损坏性能进行预测。Jahromi[135]使用重复压缩试验对不同集料与沥青组成的沥青混凝土试件进行了分析，对不同干湿状态试件的动态模量随加载循环次数的曲线进行了研究，结果发现，在混凝土中添加熟石灰可以有效提高沥青混凝土抗水损坏性能。Ahmad 等[136]利用路面性能测试仪（SPT）对不同环境中沥青混凝土的动态模量进行了分析，结果发现，SPT 动态模量测试十分有效，与试验室评估沥青混凝土的相关试验有一定的相关程度，可以用于评价水稳定性。

随着高清与显微技术的发展，有研究者通过高清摄像机捕捉沥青膜破坏过程来对沥青混凝土的黏结（附）破坏进行分析[137]。此外，原子力显微镜在沥青黏附力以及表面形貌的测试中的成功应用，提供了一种有效的微观手段，即通过评价沥青胶结料自身的性能，来对潜在水损害进行评价[138]。

经过数十年的研究与发展，相关研究总结出了用于沥青混凝土水损害力学特性的相关试验方法，根据测试目的及状态不同，可以分为以下几类[95,139,140]：① 根据沥青混凝土状态可以分为松散试件试验和压实试件试验；② 根据加载模式不同可以分为静载法和动载法；③ 根据引发水损害试验方法不同进行分类；④ 根据性能参数度量不同可以分为宏观与微观。而具体试验可以分为最终指标类与干湿比参数类两大类[141]。其中，最终指标类是指最终试验所得指标直接用于评价水损害情况；干湿比参数类是指分别进行干、湿两个状态试验，以两个状态的指标比作为评价水损害的最终参数。评价沥青混凝土水损害的力学相关试验见表1.2。

表 1.2　评价沥青混凝土水损害的力学相关试验

| 最终指标类 | 干湿比参数类 |
| --- | --- |
| 静吸附试验 | 洛特曼试验 |
| 改进吸附试验 | 改进洛特曼试验 |
| 气动拉拔试验 | 滕尼克利夫试验 |
| 德州冻融基座试验 | 杜雷兹试验 |
| 汉堡车辙试验 | 马歇尔稳定度试验 |
|  | 浸泡压缩试验 |
|  | 比特规范试验 |
|  | 环境系统下动态模量试验 |
|  | 水环境下小梁弯曲试验 |
|  | 圆盘压缩试件拉断试验 |
|  | 动态力学分析仪测试沥青胶浆试验 |
|  | 静态蠕变试验 |
|  | 拉拔试验 |
|  | 饱和时间拉伸刚度试验 |
|  | 表面能法 |

从前述的文献综述不难发现，目前多数用于评价沥青基材料水稳定性的试验方法所得到的仅仅是一个反映状态或结果的评价性指标，对于在水分作用下性能演化规律的过程性试验方法则相对较少。从根本上讲，沥青混凝土水损害是由于水分的侵蚀作用而导致其内部黏结（附）下降。因此，首要任务是测量水分在沥青基材料中的传输过程，进而才可将沥青基材料力学性能下降（损伤）定义为其内部水分含量的函数，以实现对沥青混凝土弱化效应的量化。然而，目前的相关试验方法并没有将水分传输过程与沥青基材料的性能下降科学地结合起来。在这样的背景下，本书提出了以吸湿试验与不同含水量试件的半圆弯曲试验相结合的试验方法来对水分作用下沥青混凝土性能演化规律进行探究。

### 1.3.5 沥青混凝土损伤模型

对于沥青混凝土水损害方面的研究，除利用试验方法对水稳定性能进行评价外，还开发了诸多描述水损害的模型。本节对描述沥青混凝土损伤的模型加以综述。

#### 1.3.5.1 损伤的定义

有关材料损伤的研究由来已久，根据 Lemaitre 等[142]在其著名论著 *Engineering damage mechanics: ductile, creep, fatigue and brittle failures* 中所总结的，损伤这一概念最早由来于 Kachanov。1958 年，Kachanov[143]在进行研究时引入了一个名为"continuity"的场变量 $\psi$，并在此基础上开发了一个定义为 $\tilde{D}=(1-\psi)$ 的变量来对材料的内部状态进行描述，$0 \leqslant \tilde{D} \leqslant 1$。之后变量 $D$ 被广泛接受为材料在受荷时的损伤。1969 年，Rabotnov 等[144]在研究时发现随着荷载的施加，材料的承载能力逐渐降低，基于此，他提出了有效应力的概念。而在之后的 1970 年左右，损伤力学才正式发展。

通常认为，当固体中某些连接微观结构的黏结键缺失时，表明该固体发生了损伤[145,146]。这种损伤可能起始于晶格中分子键的断裂、聚合物中分子链的断裂、纤维-基体界面附着力的丧失等。同时，产生了大量微裂纹随机分布在受损体上，使得这些部分失去了传递动量和断裂强度的能力。Talreja[147]通过提出损伤实体的方法对损伤进行了定义，即损伤实体是在微观尺度下，能够随荷载施加而改变其特征尺寸的所有特征实体的集合。他认为这些损伤实体是一个可被有效辨认的由内部能量耗散机制引起的固体微观结构组成的变化[147]。最后，他将损伤定义为所有损伤实体的集合，或者等效地定义为实体中存在的所有损伤模式的集合。

#### 1.3.5.2 连续损伤模型

连续损伤模型（Continuum Damage Model，CDM）通过定义损伤变量以及演化方程的方式对材料的损伤行为加以描述。CDM 中认为损伤是状态变量之一，其演化方程由损伤所关联变量的函数给出。在 CDM 中，损伤是与材料中空隙形成过程间接相关的变量，事实上，在 CDM 框架中，单个空隙以何种方式演变并不重要，重要的是有多少空隙正在凝聚、成核。因此，在 CDM 框架内，损伤一方面考虑了材料性质的弱化，另一方面考虑了刚度下降引起的性能的衰减，而刚度下降是与微结构改变相关的不可逆过程，如空隙的形成和生长、脆性夹杂物的微裂纹及其相互作用等。

损伤变量的物理定义为：考虑一个参考体积单元（Reference Volume Element，RVE），当其处于损伤状态时，能够提供有效抗力的截面面积减小。因此，为简单起见，假设损伤状态为各向同性，可以得到标量表达式为

$$\tilde{D} = 1 - \frac{A_{\text{eff}}}{A_0} \tag{1.37}$$

式中：$\tilde{D}$——损伤指标，无量纲；

$A_0$——RVE 的名义截面面积，$mm^2$；

$A_{\text{eff}}$——处于损伤状态时 RVE 的有效截面面积，$mm^2$。

有效应力的定义允许将损伤变量 $\tilde{D}$ 表示为材料刚度降低的函数，即

$$\tilde{D} = 1 - \frac{E_{\text{eff}}}{E_0} \tag{1.38}$$

式中：$E_0$——材料未损伤时的原始刚度，Pa；

$E_{\text{eff}}$——材料损伤后的有效刚度，Pa。

CDM 提供了一个非常有效的方法，来对沥青混凝土中的各类损伤进行表征。

### 1.3.5.3 水分损伤模型

沥青混凝土通常认为包含沥青、粗集料、细集料、粉料以及空隙，其中沥青作为胶结料将各种不同粒径的集料黏结在一起。在服役过程中，沥青混凝土除遭受各类荷载外，还会受到各种环境因素的影响。1.3.3 节中总结了沥青混凝土水分导致损伤的机理，水分导致的损伤常发生于沥青胶结料内部或是与集料的界面处。目前，有关沥青混凝土水分损伤模型大多以 CDM 为框架进行构建。

2008 年，Kringos 等[20]提出了沥青混凝土中水分引起的损伤的物理-力学建模方法，在他们的研究中，定义了水分导致的沥青胶结料损伤函数，见式（1.39）：

$$d_\theta = f(\theta) \tag{1.39}$$

式中：$d_\theta$——由水分导致的损伤变量，无量纲；

$\theta$——沥青胶浆中的水分含量，%。

$\theta$ 由水分浓度随时间的变化来定义，即

$$\theta(x,t) = \frac{C_\theta(x,t)}{C_\theta^{\max}} \tag{1.40}$$

式中：$C_\theta(x,t)$——扩散路径上某时刻的水分浓度，$g/m^3$；

$C_\theta^{\max}$——材料可吸收的最大的水分浓度，$g/m^3$。

之后，Kringos 等[20]在 CDM 框架中对水分导致的沥青胶结料损伤函数进行定义：

$$f(0) = 0.0; \ 0.0 \leqslant f(1) \leqslant 1.0 \tag{1.41}$$

该方程的具体形式可以通过各种力学测试来获得，在他们研究中使用的演化方程数学形式为

$$f(\theta) = 1 - \exp(-\alpha_\theta \sqrt{\theta}) \tag{1.42}$$

式中：$\alpha_\theta$——沥青胶浆的水敏感参数，无量纲。

Copeland[13]在式（1.42）的基础上，通过不同浸水时间的拉拔试验对参数进行了求解，其构建模型的思路为：首先，通过试验获得 POTS 随浸水时间的演化曲线；随后，通过模拟方式获得沥青膜内水分含量随浸水时间的变化；接着，采用变量代换的方式，将 POTS-时间-水分含量转换为 POTS-水分含量，如图 1.19 所示。最终求得式（1.42）中水分敏感系数 $\alpha_\theta = 3.76$。

Shakiba 等[149-151]先后在 2013 与 2015 年提出了水分-力学耦合的连续损伤模型及其本构模型。他们的模型是在 Robotnov 有效应力原理的框架内获得的。他们将沥青混凝土划分为干燥且无损伤状态、潮湿且无损伤状态、潮湿且有损伤状态三个状态，如图 1.20 所示。

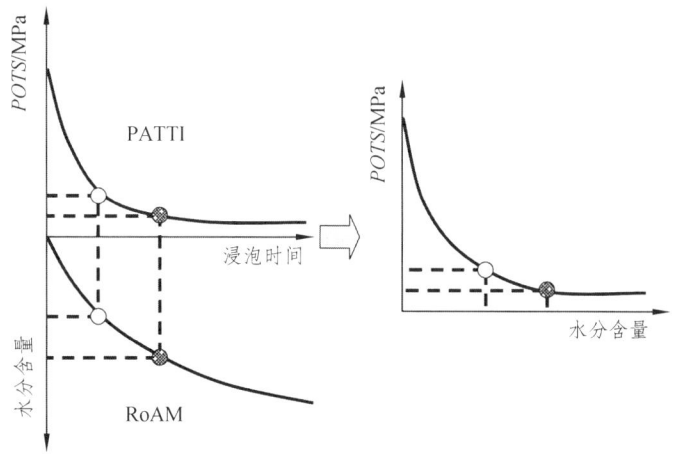

图 1.19　模拟-试验方式获得 POTS-水分含量关系的示意[148]

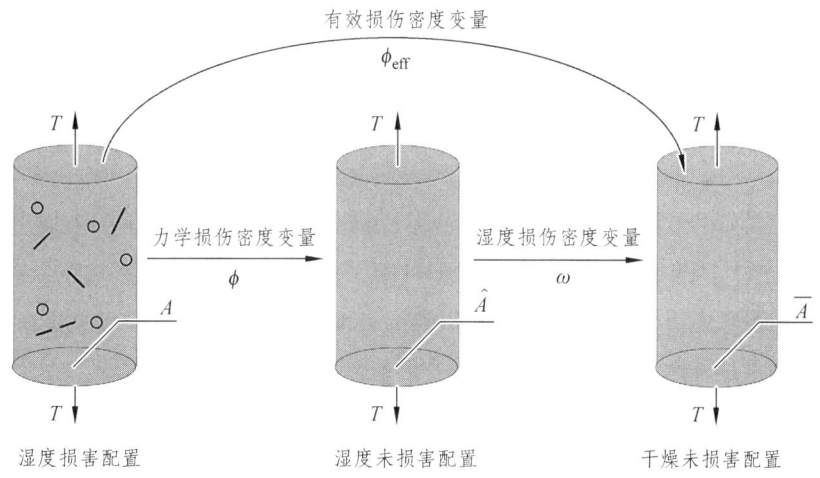

图 1.20　沥青混凝土三种不同状态定义[151]

根据图 1.20 中所示的三种状态，可以得出其所对应的截面积，见式（1.43）：

$$A = A^{d} + \hat{A}; \quad \hat{A} = A^{md} + \overline{A} \tag{1.43}$$

式中：$A$、$\hat{A}$、$\overline{A}$——潮湿损伤状态的截面面积、潮湿未损伤状态的截面面积以及干燥未损伤状态的截面面积，$mm^2$；

$A^{d}$、$A^{md}$——力学加载以及水分造成的截面积减少值，$mm^2$。

他们认为，服役过程中沥青混凝土试件的真实状态是潮湿损伤状态，而试件中真正能够提供抗力的有效面积是去除加载以及潮湿导致失效的面积后的面积值。

假设作用在图 1.20 中三个不同状态沥青混凝土试件上的力相同，结合式（1.43）即可得到各状态下沥青混凝土试件的应力，见式（1.44）：

$$P = \sigma A = \hat{\sigma}\hat{A} = \bar{\sigma}\bar{A} \quad (1.44)$$

式中：$\sigma$——名义应力，Pa；

$\hat{\sigma}$——在潮湿未损伤状态下的应力，Pa；

$\bar{\sigma}$——在干燥未损伤状态下的有效应力，Pa。

在式（1.44）的基础上提出了可以分别用于描述沥青混凝土内部有关力学损伤与水分损伤状态变量，见式（1.45）：

$$\tilde{\omega} = \frac{A^{md}}{\hat{A}}; \quad \tilde{\phi} = \frac{A^d}{A} \quad (1.45)$$

式中：$\tilde{\omega}$——水分导致的损伤变量，无量纲，$0 \leq \tilde{\omega} \leq 1$，当 $\tilde{\omega}=0$ 时表示材料未遭受水分影响，当 $\tilde{\omega}=1$ 时，表示材料遭受水分影响完全损伤；

$\tilde{\phi}$——荷载导致的损伤变量，无量纲，$0 \leq \tilde{\phi} \leq 1$，当 $\tilde{\phi}=0$ 时表示材料未遭受荷载影响，当 $\tilde{\phi}=1$ 时，表示材料遭受荷载影响完全损伤。

为了考虑湿损伤现象的时间依赖性，Shakiba 等[151]提出了一个演化函数来解释水分导致的损伤对材料性能退化的影响，见式（1.46）：

$$\dot{\tilde{\omega}}(\theta(t)) = k^i \theta(t); \quad i = a,c \quad (1.46)$$

式中，$\dot{\tilde{\omega}}$——水分导致的损伤变量对时间的导数，$s^{-1}$；

$\theta$——标准化水分含量（定义为沥青混凝土中水分替代的空隙体积与总空隙体积的比值），%；

$t$——时间，s；

$i$——黏附/结损伤，$i=a$ 时表示黏附损伤，上标 $i=c$ 时表示黏结损伤；

$k^i$——材料对水损害的敏感程度。

为了更加严谨地考虑水分损伤的机制并对力学损伤和水分损伤之间进行耦合，Shakiba 等[151]通过引入力学和水分的作用历史，并将其作为参数加入到式（1.46）中，从而得到他们认为损伤演化方程的优化形式，见式（1.47）：

$$\dot{\tilde{\omega}}(\theta(t)) = k^i \theta(t)(1-\tilde{\phi}_{\text{eff}})^q; \quad i = a, c \tag{1.47}$$

式中：$\phi_{\text{eff}}$——有效损伤变量，无量纲，是力学损伤与水分损伤的耦合损伤变量，定义为 $(1-\tilde{\phi}_{\text{eff}}) = (1-\tilde{\omega})(1-\tilde{\phi})$；

$q$——损伤历史的指数参数，无量纲。

为了能够获得单位时间的损伤变量 $(1-\tilde{\phi}_{\text{eff}})$，他们根据 Kringos 等[57]的研究成果，将 $\tilde{\omega}^i(t)$ 定义为水分作用下沥青混凝土中黏结（附）力下降，见式（1.48）：

$$\tilde{\omega}^i(t) = 1 - \frac{R^i_{(t)}}{R^i_0}; \quad i = a, c \tag{1.48}$$

式中：$R^i_{(t)}$——遭受水分影响 $t$ 时间后沥青混凝土中的黏结（附）力，N；

$R^i_0$——未遭受水分影响沥青混凝土中的黏结（附）力，N。

根据 Youtcheff 等[128]的试验研究，在低水分含量水平下，黏附/结强度的下降速率随水分含量呈线性变化，即

$$\dot{T}^i_{(t)} = -k^i T^i_0 \theta(t); \quad i = a, c \tag{1.49}$$

式中：$k^i$——材料 $i$ 的衰减系数，$\text{s}^{-1}$，反映水分对黏附/结强度下降速率的影响程度；

$T^i_0$——未遭受水分影响沥青混凝土的黏结（附）力，N；

$\theta(t)$——时间为 $t$ 时的水分含量，%。

将式（1.48）与式（1.49）代入式（1.47），再取导数，即可得到式（1.46）。因此，将通过试验获得的式（1.46）、式（1.48）以及式（1.49）代入式（1.47）中，即可获得损伤变量 $(1-\tilde{\phi}_{\text{eff}})$ 的值。根据连续损伤模型，即可得到损伤应力的表达，见式（1.50）：

$$\sigma = \bar{\sigma}(1-\tilde{\phi}_{\text{eff}}) \tag{1.50}$$

式中：$\sigma$、$\bar{\sigma}$——有效应力张量与名义应力张量，Pa。

在之后的计算中，通过将时间划分为等间距的 $\Delta t$，设在 $\Delta t$ 中，沥青混凝

土发生应变 $\Delta\varepsilon^t$，则损伤按照式（1.50）中的形式，构建有效应变形式，见式（1.51）：

$$\Delta\bar{\varepsilon}^{tr,t} = (1-\tilde{\phi}_{\text{eff}}^{\Delta t})\Delta\varepsilon^t \tag{1.51}$$

式中：$\Delta\bar{\varepsilon}^{tr,t}$——时间步长 $\Delta t$ 内，考虑损伤效应后的过渡应变增量，无量纲；

$\Delta\varepsilon^t$——时间步长 $\Delta t$ 内，沥青混凝土发生的总应变增量，无量纲。

将式（1.51）代入沥青混凝土本构方程中即可获得在力学和水分耦合作用下沥青混凝土的损伤本构模型。

Al-Rub 等[152]认为沥青混凝土中水分的出现导致弱化的主要过程为：当水分扩散通过集料颗粒周围的沥青薄膜并滞留在集料-沥青胶结料界面时，导致沥青胶结料自身黏结强度以及集料和沥青胶结料之间的黏附强度降低。他们认为水分引起的黏结（附）强度下降是两个相互独立的过程，因此在建模过程可以不考虑二者的过程耦合项。由于水分的存在，集料-沥青胶结料的黏附强度和沥青胶结料黏结强度的衰减采用演变规律建模，见式（1.52）：

$$T^i(t) = T_0^i + \int_0^t \dot{T}^i(\theta(\xi))\mathrm{d}\xi;\ i=a,c \tag{1.52}$$

式中：$TR^i(t)$——时间 $t$ 下的集料-沥青胶结料黏附强度（$i=a$）以及沥青胶结料自身的黏结强度（$i=c$），Pa；

$TR_0^i$——干燥状态未损伤黏附强度（$i=a$）以及黏结强度（$i=c$），Pa；

$\dot{TR}^i(\theta(\xi))$——时间 $\xi$ 下在水分含量 $\theta$ 下的黏附/结强度下降率（$i=a,c$），Pa/s。

Kringos 等[24]之前的方法仅考虑了损伤与当前水分状态的联系，式（1.52）所述的方法是对 Kringos 等[24]等提出方法的改进，考虑了水分作用历史。为了简化计算，他们将 $\dot{R}^i(\theta)$ 简化为包含 $\theta$ 的线性关系，见式（1.53）：

$$\dot{T}^i(\theta(t)) = -k^i\theta(t);\ i=a,c \tag{1.53}$$

式中：$k^i$——描述黏附/结强度下降速度的材料参数，$\text{s}^{-1}$。

这里的 $k^i$ 应当是正数，才能使按照式（1.53）计算的 $\dot{T}^i(\theta)$ 为负，使黏附/结强度随水分含量增加而下降。

Kringos 等[24]认为 $k^i$ 能够描述沥青混凝土对黏附（或黏结）失效的敏感程度，可作为不同沥青胶结料抗水损害性能的评价指标，也可用于不同沥青混凝土水损害的分级标准，$k^i$ 的值越大，沥青混凝土对水分更加敏感。

根据式（1.53）可以得到相应的损伤变量，见式（1.54）：

$$\tilde{\omega}^i = 1 - \frac{T^i(t)}{T_0^i}; \ i = a, c \tag{1.54}$$

式（1.54）是一个能够实现预期损伤效果的简单方程，当 $T^i(t) = T_0^i$ 时，$\tilde{\omega}^i = 0$，表示沥青混凝土中并无水分导致的损伤发生；当 $T^i(t) = 0$ 时，$\tilde{\omega}^i = 1$，表示沥青混凝土在水分作用下完全损伤，$0 \leq \tilde{\omega}^i \leq 1$。

将式（1.53）代入式（1.54）的时间导数式后，可以得到水分-损伤密度函数，见式（1.55）：

$$\dot{\tilde{\omega}}^i = \frac{k^i}{T_0^i} \theta(t); \ i = a, c \tag{1.55}$$

为了考虑水分作用历史，在式（1.55）中增加一项作用历史变量，最终得到考虑水分-损伤密度函数，见式（1.56）：

$$\dot{\tilde{\omega}}^i = \frac{k^i}{T_0^i} \theta(t)(1 - \dot{\tilde{\omega}}^i)^q; \ i = a, c \tag{1.56}$$

与式（1.47）类似，式（1.56）中的 $q$ 与水分作用历史相关的材料参数。

#### 1.3.5.4 力学损伤模型

沥青路面的水分弱化效应是在长期水分作用下与行车荷载共同作用的结果，1.3.5.3 节总结了目前用于水分导致损伤的几个有效的建模方法，本节将主要针对沥青混凝土的力学损伤建模方法进行总结

**1. 黏弹损伤模型（Visco-Elastic Continuum Damage Model，VECD）**

对于线弹性材料，应力-应变关系可用胡克定律简单描述，即应力和应变成线性正比，材料的响应只受输入的影响。对于具有时间依赖性的黏弹性材料，其响应不仅受电流输入的影响，还受过去输入历史的影响。对于非老化

线性黏弹性材料，应力-应变关系可用以下两个卷积积分表示，见式（1.57）与式（1.58）：

$$\sigma = \int_0^t E(t-\tau)\frac{\mathrm{d}\varepsilon}{\mathrm{d}\tau}\mathrm{d}\tau \tag{1.57}$$

$$\varepsilon = \int_0^t D_c(t-\tau)\frac{\mathrm{d}\sigma}{\mathrm{d}\tau}\mathrm{d}\tau \tag{1.58}$$

式中：$E(t)$——松弛模量，MPa；

$D_c(t)$——蠕变柔量，$MPa^{-1}$；

$\tau$——积分变量，s。

Schapery[153]认为，弹性介质和黏弹性介质的本构方程具有相同的形式。但对于黏弹性介质，这些应力和应变项不一定具有物理意义，相反，它们被定义为卷积积分形式的伪变量。根据这一对应原理，当物理应力（或应变）被伪应力（应变）代替时，黏弹性问题可以用弹性解来求解。伪应变公式见式（1.59）：

$$\varepsilon^R = \frac{1}{E_R}\int_0^t E(t-\tau)\frac{\mathrm{d}\varepsilon}{\mathrm{d}\tau}\mathrm{d}\tau \tag{1.59}$$

式中：$\varepsilon^R$——伪应变，无量纲；

$\varepsilon$——实际应变，无量纲；

$E_R$——任意常数，MPa；

$E(t)$——松弛模量，MPa。

将式（1.59）代入式（1.57）可得式（1.60）：

$$\sigma = E_R \varepsilon^R \tag{1.60}$$

很明显，式（1.60）与弹性介质的胡克定律具有相似的形式，弹性和黏弹性应力、应变本构关系之间存在对应关系。

根据1.3.5.1节中有关连续损伤力学的介绍，不难发现，CDM是一种建立在宏观尺度上的表征材料损伤的模型。根据式（1.38），CDM试图量化的两个基本参数是有效刚度（$E_{\mathrm{eff}}$）和损伤（$\tilde{D}$）。$E_{\mathrm{eff}}$代表了材料的结构完整性，可以很容易地以瞬时切线模量的形式进行评估；而损伤则难以量化，通常依赖于严格的理论。其中一个理论是 Schapery 在 1990 年提出的基于不可逆过程热力学的损伤增长弹性材料的功-势理论[154]。在 Schapery 的理论中，损伤是由一个内部状态变量（Internal State Variable，ISV）量化的，该变量解释了材料的微观结构变化。通过使用前面介绍的弹性-黏弹性对应原理，功-势理论可以推广到黏弹性介质中。最终，VECD 由以下三个基本方程组成：

应变能密度方程： $W^R = f(\varepsilon^R, S)$ （1.61）

应力-应变关系方程： $\sigma = \dfrac{\partial W^R}{\partial \varepsilon^R}$ （1.62）

损伤演化率方程： $\dfrac{\partial S}{\partial t} = \left(-\dfrac{\partial W^R}{\partial S}\right)^\alpha$ （1.63）

式中：$W^R$——伪应变能密度，J/m³；

$\varepsilon^R$——伪应变，无量纲；

$S$——损伤变量或内部状态变量，无量纲；

$\alpha$——损伤演化率，无量纲。

之后在 VECD 的基础上又发展了简化黏弹性连续损伤理论（Simplified Visco-Elastic Continuum Damage Model，S-VECD）以及黏弹塑性连续损伤理论（Visco-Elastic-Plastic Continuum Damage Model，VEPCD）[155]，由于篇幅的限制，在这里就不做过多介绍了。

2. 扰动状态本构模型

Desai[156]介绍了路面结构的统一扰动状态本构（Disturbed State Constitutive，DSC）模型。DSC 模型的基本框架是：一个变形体材料的行为可以用连续部分，称之为相对完整部分（Relative Intact，RI）以及出现微小裂纹的部分，称之为完全调整部分（Fully Adjusted，FA）的行为来表示。在变形过程中，由于颗粒的平移、旋转和内插等相对运动以及微观层面的软化或愈合会引起材料微观结构变化，从而其中的 RI 转变为 FA。DSC 模型的一种简单表达见式（1.64）：

$$\mathrm{d}\vec{\sigma}^a = \vec{\boldsymbol{C}}^{\tilde{D}} \mathrm{d}\vec{\varepsilon}$$ （1.64）

式中：$\vec{\sigma}^a$——应力向量，Pa；

$\vec{\varepsilon}$——应变向量，无量纲；

$a$——可观察到 RI 的响应，Pa；

$\vec{C}^{\tilde{D}}$——本构矩阵，Pa；

$\tilde{D}$——扰动的标量值，无量纲。

当没有损伤发生时 $\tilde{D}=0$，则式（1.64）可以写为

$$\mathrm{d}\vec{\sigma}^i = \vec{C}^i \mathrm{d}\vec{\varepsilon}^i \tag{1.65}$$

式中：$\vec{C}^i$——弹性、黏弹性或是黏弹塑性响应，Pa。

参数 $\tilde{D}$ 可按照式（1.66）进行计算：

$$\tilde{D} = \tilde{D}_u(1 - e^{-A\xi_D^Z}) \tag{1.66}$$

式中：$A$、$\xi_D$、$Z$——扰动参数，无量纲。

3. 基于表面能的损伤模型

Cheng 等[45]根据表面能理论和水分扩散模型，基于通用吸附装置（USD）测试结果，开发了一种黏附失效模型。沥青与集料的黏附强度受沥青和集料的表面能、集料的表面纹理和存在水分的影响。该模型内表面能的推导与式（1.25）~式（1.30）的过程相类似，这里就不做过多赘述，可参考1.3.3节内容。

上述方法多数为严格力学推导之后进行损伤分析的理论解。而实际上这在应用中存在一些计算的困难，例如：VECD 中存在大量卷积以及伪变量计算，且与其配套的疲劳试验费时耗力；DSC 中的本构矩阵往往十分庞大，很难求得精确解。在这样的背景下，大量研究开始转向数值解法，有限单元法（Finite Element Method，FEM）开始在沥青混凝土水分扩散以及损伤演化中扮演重要角色。

## 1.3.6 有限元在沥青混凝土力学分析中的应用

有限元（FEM）是解决工程和物理问题的一种数值方法。该方法的实用性仅限于结构分析、传热、流体流动、物质传输和电磁场等。这种方法为传

统解析解求解相对困难的复杂几何形状、载荷或材料等问题提供了更加有效的手段[157]。FEM 的基本思路是将连续求解域离散为相互连接的有限个单元，通过单元形状改变以及单元间相互连接的不同以实现对复杂几何形状的模拟。FEM 的另一个求解过程是将原本作用在复杂几何体上的位移或扭转所产生的力或力矩等效到每个单元节点上，之后在单元内构建近似函数来建立这些节点力和位移之间的关系，这些近似函数集合之后就实现了对整个求解域未知场函数的数值逼近[158]。

FEM 的最初理论框架是由 Courant[159]于 1943 年提出，用于研究扭转问题的求解。然而，这一方法的真正飞速发展是在 1960 年之后，随着计算机的推广应用，能够为有限元法求解复杂问题提供算力支持。2009—2014 年，东南大学的廖公云等[158,160]利用有限元法对道路工程中典型问题进行了计算与分析，包括沥青路面结构中的裂缝和动态响应问题、沥青路面中的车辙问题等，为有限元法在我国道路工程中的应用提供了重要参考。

沥青混凝土是一种多相复合的材料，因此，为了简化沥青混凝土的不均匀性，多数的研究将其视作各向同性材料来进行建模[161-163]。这一方法虽然能够对沥青混凝土整体的力学响应进行分析，但是当研究聚焦在损坏机理层面对沥青混凝土中各组分相互作用进行分析时，就需要构建沥青混凝土细观模型。而目前将其视作整体的方法似乎可行性不高。目前，用于解决这类的有效建模方法，主要为以下三类（图 1.21）。

（1）理想形状的集料（通常为圆形或矩形）分散在沥青砂浆中[164-168]。

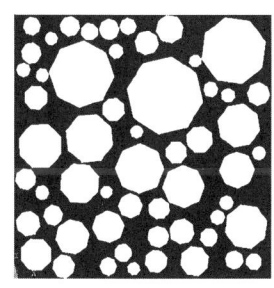 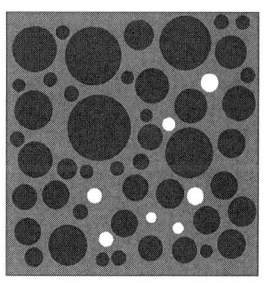

（a）理想集料[165]　　　　　　　　（b）统计平均值[169]

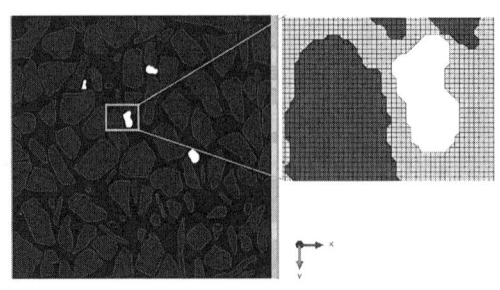

（c）真实形貌[176]

图 1.21　三种常用沥青混凝土建模方法

（2）各向异性材料视为统计平均值，以进行统计数值模拟（如蒙特卡罗模拟）[169,170]。

（3）高分辨率相机或 X 射线激光扫描，使用沥青混凝土中每个组分的真实形态[171-176]。

虽然上述三种方法在快速、简单生成几何体方面似乎并无太大差别，但前两种方法很难在实际中找到参考，因此无法使用试验结果进行验证。因此，目前越来越多研究将关注点集中在利用沥青混凝土截面真实的几何信息来构建沥青混凝土细观结构模型。

### 1.3.7　沥青混凝土开裂行为研究

根据 1.3.3 节中所述，大量研究表明，水损害会降低沥青路面的耐久性和使用寿命[155, 177]。目前研究普遍认为，进入沥青路面的水会导致沥青路面发生典型的水损害，如剥落、松散以及坑槽等[27, 178-180]。而沥青路面水损坏的另一个关键的原因是沥青路面长期暴露在水分环境中导致沥青混凝土发生水分弱化效应[15, 49, 141, 181, 182]。

有研究证明，沥青混凝土会在长期服役过程中积累大量损伤，这些损伤会进一步连接、聚合，形成微观裂纹，微观裂纹最终形成宏观裂纹，导致沥青路面结构的损坏[13]。而水分弱化作用于沥青胶结料内部以及沥青胶结料和集料的界面，降低了沥青混凝土对荷载的抗力。因此，当遭受水分弱化效应的沥青混凝土进一步遭受行车荷载时，其自身抗拉应力、应变的降低会加快沥青混凝土内部由损伤到开裂的过程，促使裂纹更快地产生与扩展[15, 77, 85, 86]，而反过来沥青混凝土的损伤与开裂又会进一步加深水分弱化。可以看出，沥青混凝土水分弱化效应与开裂行为是紧密联系的两个互为因果的损坏现象。

沥青混凝土的开裂是影响路面耐久性的常发性病害之一，它增加了长期养护的成本，因此多年来一直是研究热点。相关研究主要集中在开裂行为的表征和预测两方面[183-186]。在有关沥青混凝土开裂的研究过程中，诞生了很多经典方法，经典断裂力学方法就是其中之一。该方法演化了诸多有重要意义的研究成果，但是多数研究集中利用断裂参数（断裂韧性、J-积分、应力强度因子等）对开裂行为的表征上[187-190]。众所周知，沥青混凝土是典型的多相复合材料，因此在实际开裂过程中很难观察到裂纹的绝对尖端，而这在多数经典断裂力学理论中是假设存在的[191]。因此，在进行裂纹预测时，经典断裂力学可能会存在些许不足。黏聚力模型（Cohesive Zone Model，CZM）作为一个有效且可靠的替代方法，可以凭借其相对简单的数学形式，有效地模拟裂纹的起始与扩展过程。CZM通过定义随开裂面分离位移增加而下降的材料刚度以及两开裂面之间的拉力来对开裂的裂纹尖端进行模拟[192,193]，如图 1.22 所示。有关黏聚力模型的内容详见第 4 章。

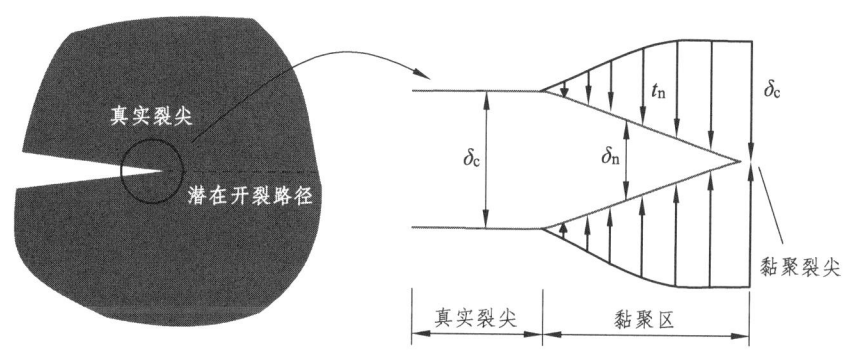

图 1.22　黏聚力模型

20 世纪 60 年代，二维黏聚力模型首次被 Barenblatt 提出，他将这种方法应用到理想脆性材料的开裂行为研究中[194]。之后 Xu 等[195]进一步开发了这种方法，通过在有限元网格中引入具有指数内聚规律的内聚单元，实现了基于势能的区域黏聚力模型。CZM 在有限元分析中的成功应用，使得沥青路面材料断裂力学取得了重大进展。Du 等[196]将黏结力单元粘贴在了细集料混合物基底内部以及细集料混合物与粗集料界面处，分别模拟了黏结力以及黏附力的损伤，结果发现，沥青混凝土的不均匀性导致了应力在粗集料界面处集中，以及黏附损伤是导致自上而下开裂的一个重要因素。Motevalizadeh 等[197]利用二维黏聚力模型研究了低温状态下包含钢渣集料的沥青混凝土开裂性能，通过对两种断裂形式（打开型与剪切型）的分析，得出包含钢渣集料的沥青混凝土要比普通集料沥青混凝土更容易发生开裂的结论。Du 等[198]利用黏聚力模型描述了离散元模型中不同部分之间的相互作用，进而研究了不同矿料级配（AC-13、SMA-13、OGFC-13）对沥青混凝土低温裂缝扩展的影响，结果发现，悬浮密实沥青混凝土（AC-13）的内部裂纹扩展远远超过骨架密实沥青混凝土（SMA-13）和粗集料骨架沥青混凝土（OGFC-13），也就是说，当悬浮密实沥青混凝土（AC-13）发生破坏时，内部裂缝数量最多，即悬浮密实沥青混凝土（AC-13）具有较好的低温抗裂性。

Kim[191]总结了 CZM 预测沥青材料和沥青路面断裂的方法，介绍了这种建模的当前挑战和未来方向。基于多年来这些研究的贡献，有关沥青混凝土断裂行为的研究发展并壮大起来。目前，CZM 被广泛应用于模拟沥青混凝土的 I/II 开裂，例如：半圆弯曲试验（Semi-circular bend，SCB）[199-202]、带切缝单边梁三点弯曲试验（Single-edged notched beam，SEB）[203-205]、盘型拉伸试验（Disk-shaped compact tension，DCT）[206-208]。

除上述针对沥青混凝土开裂行为的分析外，CZM 还常用于研究温度变化对沥青混凝土开裂的影响。Bekele 等[209]利用黏聚力模型建立了理想集料与砂浆的有限元模型，研究了沥青混凝土的低温微损伤，结果证明，黏聚力模型是研究沥青混凝土低温损伤的一个很好的方法，并且成功得出了在集料-胶浆界面处产生的黏结损伤会降低沥青混凝土的整体模量的结论。Chang 等[210]利用黏聚力模型模拟了沥青混凝土的断裂部位，结合黏弹性本构模型，研究了温度骤降引起的裂纹，并利用冻断试验对这一方法进行了验证，结果表明，利用黏聚力模型的模拟结果与实际试验结果吻合度较高。Du 等[198]利用黏聚力模型模拟了沥青砂浆与集料之间的相互作用,之后将建立的离散元模型应用在了三种级配混合料的低温裂纹扩展分析中,收效良好。Kollmann 等[211]将黏聚力单元应用在了间接拉伸试验的模拟中,研究了温度作用对沥青混凝土开裂行为的影响。大量研究发现,沥青混凝土中组成材料性质的不同,会导致在沥青胶结料与集料界面产生显著的应力集中现象,表明遭受外界影响时(温度或水分变化),沥青胶结料与集料两相的界面处相比各自自身更容易受到损伤影响[196-198]。

## 1.4 文献评述与科学问题

### 1.4.1 文献评述

1.3 节综述了近 200 篇中英文献,内容涵盖水损害定义、水分扩散过程、水分弱化原理以及水分弱化引起的损伤等方面。经过分类与整理,最终总结如下:

沥青路面中水分的来源总体分为降雨导致的下渗作用、地下水的毛细上升作用、环境中水分的扩散作用三类。其中,下渗作用与毛细上升作用进入沥青路面的水主要存在于大空隙中,累积期较短,需要在行车荷载的作用下形成孔隙水压才能对沥青路面产生损害,为典型的力学过程;扩散作用可以使水分真正进入沥青混凝土内部(路径为"小空隙→沥青胶结料→集料"),然后从集料表面剥落沥青膜,作用时间较长,其作用过程本身就会对沥青材料造成损伤,是典型的物理过程。对于设计使用寿命较短的沥青路面可仅考虑液态水留存的影响,但对于设计长寿命或耐久性路面,还需对水分扩散的长期作用加以考虑。

在开发能够抵御环境影响、具备耐久性或长寿命的路面材料时,首先需要对沥青混凝土这一筑路材料在长期环境影响下自身性能的演化规律进行研究。然而,基于文献调研的结果,目前对于耐久性沥青路面水分弱化效应演

化过程及表征方法的研究仍存在一些空缺,具体如下:

(1)目前,用于描述扩散过程的扩散模型有很多,使用最多的是Fickian扩散模型(基于Fick第二定律),该种建模方法以其自身较好的精度,被认为能够对水分在沥青胶结料中的传输进行较好的描述。但该建模方法敏感度较高,会随吸湿过程中的材料、环境、时间等因素的差异发生变异,这也是文献中记载的相同类型的扩散模型在求解结果上存在差异的原因,而目前根据我国特有水分环境构建扩散模型方面的研究仍较少,亟待补充。

(2)无论从表面能理论还是从沥青混凝土自身的黏结(附)强度,多数研究都认为沥青路面长期暴露在水分环境中会导致其自身性能的弱化,但目前仍缺少可靠的方法来量化水分扩散的影响。目前,多数研究都集中在水分处置前后沥青混凝土的试验指标变化上,所得到的统计学结论通常仅能对宏观现象进行描述,为典型的经验方法,解释性和理论性不足。对于从机理层面直接关联沥青胶结料中水分含量与沥青混凝土性能的本构模型仍然较为匮乏。相较于发达国家,我国在这一领域的研究空白更为显著,因此,迫切需要提出相应的研究方案。

(3)有关沥青路面水损害的试验繁多,写进相关标准的试验方法就有十多种,然而多数试验方法所得到的仅仅是一个反映状态或结果的评价性指标,对于能够获得沥青混凝土在水分作用下性能演化规律的过程性试验方法则相对较少,需要提出一套能够配合沥青混凝土水分-力学耦合演化模型进行有关长期性能分析与评价的系统方法。

(4)目前,多数有关沥青混凝土的抗水损害方面的研究多数都集中在水对沥青路面典型水损害,如剥落、松散、坑槽等的影响,对更深层次水分对普发性道路损害(如车辙、开裂等)的加剧影响则考虑不足。当考虑耐久性路面时,不但要考虑这些多发于早期的水损害,更要关注水分对一般性损害的影响。但目前,此类研究及相关成果较少。

### 1.4.2 科学问题

根据上述目前研究中所存在的空缺与不足,有以下科学问题亟待解决:

（1）如何对水分传输的宏微观过程进行建模与表征。

水分扩散是沥青路面内主要且不可避免的水分运动机制，但沥青混凝土内部的水分传输与分布却较难通过试验手段获得，因此如何对水分传输的宏微观过程进行建模与表征是研究水分弱化效应的起点与基础。

（2）如何合理量化水分扩散导致的沥青混凝土性能弱化。

进入沥青混凝土中的水分会造成其内部黏结（附）下降，进而导致性能发生弱化。如何打通"扩散→黏结（附）下降→性能弱化"三者之间的关系，建立能够量化水分扩散导致的沥青混凝土性能弱化的力学模型是研究耐久性沥青路面长期性能演化的关键问题。

综合上述四个方面的研究空缺与两个科学问题，本书最终选择聚焦在长期水分作用下沥青混凝土内部黏结（附）降低对宏观开裂的影响问题，按照"扩散→弱化→开裂"的研究思路，对耐久性沥青路面水分弱化效应演化过程及表征方法进行研究。具体研究内容及技术路线详见 1.5 节。

## 1.5 主要研究方向与技术路线

### 1.5.1 主要研究内容

耐久性或长寿命沥青路面的开发，依赖于对沥青混凝土长期性能演化规律的深入研究。基于此，本书聚焦于长期水分作用下沥青混凝土开裂性能的演化，主要进行的研究内容如下。

（1）水分扩散的建模方法与模拟表征。

扩散定律是物质传输领域的基础方程，而水分在沥青混凝土中的传输具有典型的非稳态特征（$\partial C/\partial t \neq 0$），因此本书在扩散定律的基础上提出的 Fickian 扩散模型分别可用于描述水分向沥青路面以及水分穿透沥青胶浆的宏微观过程。随后，针对水分的微观扩散过程，选取了我国南北方典型气候区的水分特征值作为环境条件，对沥青胶浆试件进行了吸湿试验，从而获得了不同环境以及老化状态的吸湿曲线。接下来，提出了基于空间离散与非线性优化的扩散模型求解方法，利用吸湿试验的结果，对扩散模型进行了求解。之后，将该方法应用于基于有限元法的水分扩散模拟中，再次利用吸湿试验结果对扩散模型的有限元模拟进行了验证。最终，对沥青混凝土长期暴露在水分环境中的内部水分场演化过程进行了模拟表征。

（2）水分弱化效应的量化方法与建模分析。

沥青混凝土中，水分所导致的黏结（附）力下降是水分弱化的主要原因，本书在连续损伤力学框架内构建了水分-力学耦合演化模型，通过将沥青混凝土内部黏结（附）力下降定义为水分含量的函数来量化水分含量对黏结（附）力下降的影响。混凝土可近似认为由集料、沥青砂浆以及沥青胶浆组成。大量研究表明，沥青砂浆可以较好地代表沥青混凝土的黏弹以及黏结（附）特性，因此为了求解、校正模型，本书分别开展了沥青胶浆半圆弯曲有限元模拟与不同水分含量下的砂浆半圆弯曲试验。通过不断调整模型中黏结力大小使模拟结果与试验结果相匹配，以获得能够代表沥青砂浆在不同水分含量下的黏结力值，以此作为优化目标值，利用最小二乘法对水分-力学耦合演化模型进行求解与校正。

（3）水分弱化作用下沥青混凝土性能演化与损伤预测。

将沥青混凝土在长期服役过程中的水分扩散等效为其内部的水分场，利用水分-力学耦合演化模型控制沥青混凝土内部黏结（附）力随水分含量的变化，利用多物理场耦合方法对沥青混凝土在长期水分扩散以及荷载共同作用下的开裂行为进行模拟。通过分析裂纹起始与扩展、应力集中情况、最大荷载反力及损伤分布等内容，揭示了沥青混凝土长期暴露在水分环境中的性能弱化规律。最后，根据上述方法，选取上海地区特征水分环境，对极限服役期的沥青混凝土性能下降进行了预测。

## 1.5.2 技术路线

基于上述三个方面的主要研究内容，能够对长期水分作用下沥青混凝土性能的演化进行量化与分析，同时探索将水分影响纳入耐久性沥青路面力学-

经验的设计框架的途径，所获得的沥青混凝土长期性能演化规律可以为科学养护管理提供一定的参考。本书的技术路线如图 1.23 所示。

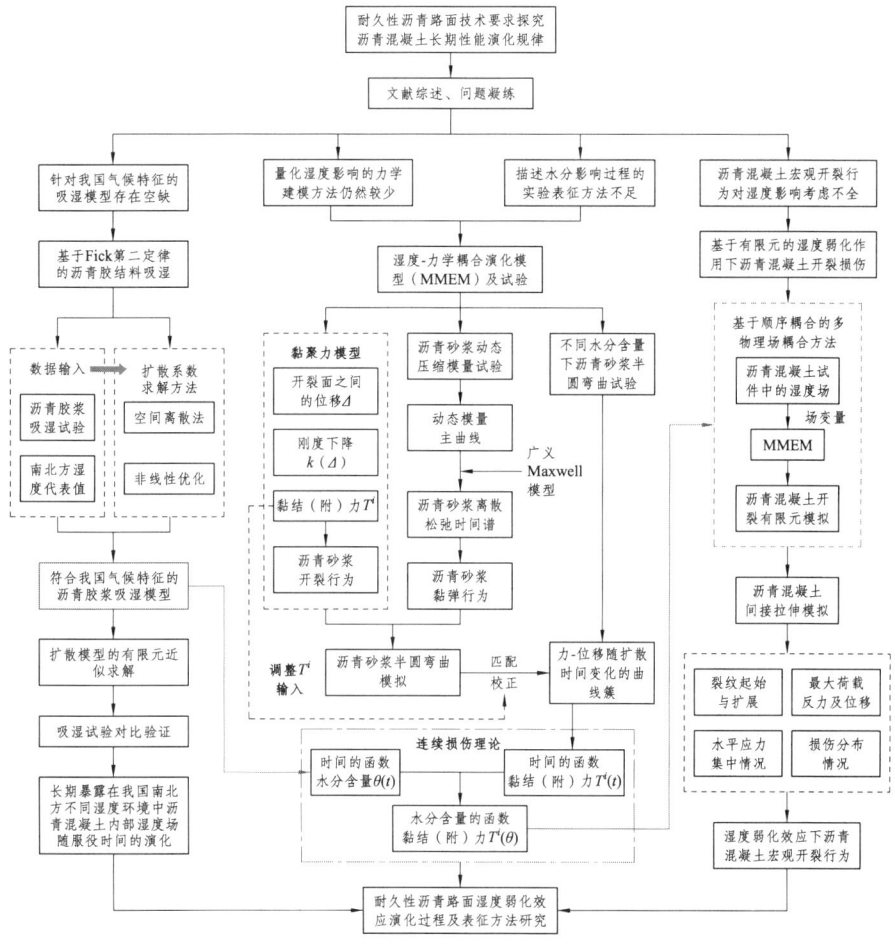

图 1.23　技术路线

## 1.6　基本假定

在本书的计算以及模拟过程中对求解的方程以及模拟对象进行了一些基本假设，以降低计算量，提高计算精度，具体如下：

（1）本书基于 Fick 定律构建的扩散模型中包含一个关键特征参数，即扩散系数 $D$，为了方便求解，本书将扩散系数近似为与环境水分以及材料特性相关的常数。耐久性沥青路面由于服役期较长，会长期暴露在水分环境中，本书在对水分向沥青路面扩散的宏观过程进行建模分析时，并未考虑沥青混凝土的各相复合性，将沥青路面视作均匀结构物。

（2）在有限元建模中，沥青混凝土近似为由粗集料与沥青砂浆构成的二相混合实体，沥青胶浆在沥青混凝土中实际厚度较小，将其等效为众多提供黏结力的零厚度黏结膜，均匀包裹每一个沥青砂浆内部的微粒并覆盖砂浆-集料界面，不对其进行实体建模。由于沥青砂浆内部微粒较小，因此在进行水分在实体中的扩散模拟中，可以假设本书中提出的水分穿透沥青胶浆的扩散模型也可直接用于描述水分在沥青砂浆中的传输。

（3）本书重点研究对象是满足规范要求的沥青混凝土，因此空隙率≤4%，沥青混凝土内部并无相互连通的空隙，为了提高计算效率，假设沥青砂浆满足均匀性假设，在建模时将孤立的微小空隙包含于砂浆中统一进行考虑。

## 本章参考文献

［1］中华人民共和国交通运输部网. 2021 年交通运输行业发展统计公报[R/OL].（2022-05-25）[2024-04-21].https://xxgk.mot.gov.cn/2020/jigou/zhghs/202205/t20220524_3656659.html.

［2］中华人民共和国交通运输部网. "十四五"公路养护管理发展纲要[R/OL]. (2022-04-26)[2024-06-16]. https://xxgk.mot.gov.cn/2020/jigou/glj/202204/t20220426_3652905.html.

［3］中华人民共和国交通运输部网. 2022 年 1-3 月公路水路交通固定资产投资完成情况[R/OL]. (2022-04-18)[2024-06-21]. https://xxgk.mot.gov.cn/2020/jigou/zhghs/202204/t20220418_3651652.html.

［4］NCHRP. Guide for mechanistic-empirical design of new and rehabilitated pavement structures (final report)[R]. Washington, D.C. National Cooperative Highway Research Program, Transportation Research Board, National Research Council 2004.

［5］姚祖康. 沥青路面结构设计[M]. 北京: 人民交通出版社, 2011.

［6］NUNN M, FERNE B W. Design and assessment of long-life flexible pavements[J]. Transportation Research Circular, 2001, 503(12): 32-49.

［7］MONISMITH C, LONG F. Overlay design for cracked and seated portland cement concrete (PCC) pavement-interstate route 710[R]. UC Davis: University of California Pavement Research Center, 1999.

［8］CARPENTER S H, GHUZLAN K A, SHEN S. Fatigue endurance limit for highway and airport pavements[J]. Transportation Research Record, 2003, 1832(1): 131-138.

［9］POULIKAKOS L D, DOS SANTOS S, LEE J, et al. Moisture susceptibility of recycled asphalt concrete: a multi-scale approach[C]. Transportation Research Board 93rd Annual Meeting, Washington DC, 2014.

[10] STUART K D. Evaluation of Procedures used to Predict Moisture Damage in Asphalt Mixtures. Executive Summary[R]. United States. Department of Transportation. Federal Highway Administration, 1986.

[11] SOL-SANCHEZ M, MORENO-NAVARRO F, GARCIA-TRAVE G, et al. Laboratory study of the long-term climatic deterioration of asphalt mixtures[J]. Construction and Building Materials, 2015, 88(30): 32-40.

[12] SMITH B T, HOWARD I L. Comparing Laboratory Conditioning Protocols to Longer-Term Aging of Asphalt Mixtures in the Southeast United States[J]. Journal of Materials in Civil Engineering, 2019, 31(1): 04018346.

[13] COPELAND A R. Influence of moisture on bond strength of asphalt-aggregate systems[D]. Nashville: Vanderbilt University, 2007.

[14] LITTLE D N, JONES D. Chemical and mechanical processes of moisture damage in hot-mix asphalt pavements[C]. In National seminar on moisture sensitivity of asphalt pavements, 2003.

[15] CARO S, MASAD E, BHASIN A, et al. Moisture susceptibility of asphalt mixtures, Part 1: mechanisms[J]. International Journal of Pavement Engineering, 2008, 9(2): 81-98.

[16] KIGGUNDU B M, ROBERTS F L. Stripping in HMA mixtures: State-of-the-art and critical review of test methods[R]. Auburn University, Auburn National Center for Asphalt Technology (NCAT), 1988.

[17] 杨若冲, 梁锡三, 赖用满. 沥青路面水损害典型原因与对策[J]. 同济大学学报:自然科学版, 2008, (6): 749-753.

[18] PANG Y, HAO P. A review of water transport in dense-graded asphalt mixtures[J]. Construction and Building Materials, 2017, 156: 1005-1018.

[19] KRINGOS N, SCARPAS T, KASBERGEN C, et al. Modelling of combined physical–mechanical moisture-induced damage in asphaltic mixes, Part 1:

governing processes and formulations[J]. International Journal of Pavement Engineering, 2008, 9(2): 115-128.

[20] KRINGOS N, SCARPAS A, COPELAND A, et al. Modelling of combined physical–mechanical moisture-induced damage in asphaltic mixes Part 2: moisture susceptibility parameters[J]. International Journal of Pavement Engineering, 2008, 9(2): 129-151.

[21] KASSEM E, MASAD E, LYTTON R, et al. Measurements of the moisture diffusion coefficient of asphalt mixtures and its relationship to mixture composition[J]. International Journal of Pavement Engineering, 2009, 10(6): 389-399.

[22] MASAD E, ARAMBULA E, KETCHAM R, et al. Nondestructive measurements of moisture transport in asphalt mixtures[J]. Asphalt Paving Technology-Proceedings, 2007, 76: 919.

[23] TONG Y, LUO R, LYTTON R L. Moisture and aging damage evaluation of asphalt mixtures using the repeated direct tensional test method[J]. International Journal of Pavement Engineering, 2015, 16(5): 397-410.

[24] KRINGOS N, SCARPAS A. Physical and mechanical moisture susceptibility of asphaltic mixtures[J]. International Journal of Solids and Structures, 2008, 45(9): 2671-2685.

[25] AL-OMARI A, TASHMAN L, MASAD E, et al. Proposed methodology for predicting HMA permeability (with discussion)[J]. Journal of the Association of Asphalt Paving Technologists, 2002, 71.

[26] HUANG B, MOHAMMAD L N, RAGHAVENDRA A, et al. Fundamentals of permeability in asphalt mixtures[J]. Journal of the Association of Asphalt Paving Technologists, 1999, 68.

[27] MASAD E, BIRGISSON B, AL-OMARI A, et al. Analytical derivation of permeability and numerical simulation of fluid flow in hot-mix asphalt[J]. Journal of Materials in Civil Engineering, 2004, 16(5): 487-496.

[28] MOHAMMAD L N, HERATH A, HUANG B. Evaluation of permeability of superpav® asphalt mixtures[J]. Transportation Research Record, 2003, 1832(1): 50-58.

[29] SASAKI I, MORIYOSHI A, HACHIYA Y. Water/gas permeability of bituminous mixtures and involvement in blistering phenomenon[J]. Journal of the Japan Petroleum Institute, 2006, 49(2): 57-64.

[30] 陶杰, 姚正军, 薛烽. 材料科学基础[M]. 北京: 化工工业出版社, 2006.

[31] SHAFABAKHSH G, FARAMARZI M, SADEGHNEJAD M. Use of surface free energy method to evaluate the moisture susceptibility of sulfur extended asphalts modified with antistripping agents[J]. Construction and Building Materials, 2015, 98: 456-464.

[32] PINTO I, KIM Y, BAN H, Moisture sensitivity of hot mix asphalt (HMA) mixtures in Nebraska: phase II[R]. Nebraska Transportation Center, 2009.

[33] MORAES R, VELASQUEZ R, BAHIA H U. Measuring the effect of moisture on asphalt–aggregate bond with the bitumen bond strength test[J]. Transportation Research Record, 2011, 2209(1): 70-81.

[34] NICHOLAS J, MATHEWS D. The immersion wheel tracking test: Correlation with road performance[J]. Road Research Laboratory, 1954.

[35] CASTILLO D, CARO S, DARABI M, et al. Modelling moisture-mechanical damage in asphalt mixtures using random microstructures and a continuum damage formulation[J]. Road Materials and Pavement Design, 2017, 18(1): 1-21.

[36] TONG Y, LUO R, LYTTON R L. Modeling water vapor diffusion in pavement and its influence on fatigue crack growth of fine aggregate mixture[J]. Transportation Research Record, 2013, 2373(1): 71-80.

[37] ARAMBULA E, CARO S, MASAD E. Experimental measurement and numerical simulation of water vapor diffusion through asphalt pavement materials[J]. Journal of Materials in Civil Engineering, 2010, 22(6): 588-598.

[38] KASSEM E, MASAD E, BULUT R, et al. Measurements of moisture suction and diffusion coefficient in hot-mix asphalt and their relationships to moisture damage[J]. Transportation Research Record, 2006, 1970(1): 45-54.

[39] NGUYEN T, NGUYEN T, BENTZ D, et al. Development of a technique for in situ measurement of water at the asphalt/model siliceous aggregate interface[R]. US Department of Commerce, National Institute of Standards and Technology, 1992.

[40] VOGT B D, SOLES C L, LEE H J, et al. Moisture absorption and absorption kinetics in polyelectrolyte films: influence of film thickness[J]. Langmuir, 2004, 20(4): 1453-1458.

[41] VASCONCELOS K L, BHASIN A, LITTLE D N. Measurement of water diffusion in asphalt binders using Fourier transform infrared–attenuated total reflectance[J]. Transportation Research Record, 2010, 2179(1): 29-38.

[42] VASCONCELOS K L, BHASIN A, LITTLE D N. History dependence of water diffusion in asphalt binders[J]. International Journal of Pavement Engineering, 2011, 12(5): 497-506.

[43] 罗蓉, 柳子尧, 黄婷婷, 等. 冻融循环对沥青混合料内水气扩散的影响[J]. 中国公路学报, 2018, 31(9): 24-30.

[44] APEAGYEI A K, GRENFELL J R A, AIREY G D. Evaluation of moisture sorption and diffusion characteristics of asphalt mastics using manual and automated gravimetric sorption techniques[J]. Journal of Materials in Civil Engineering, 2014, 26(8): 839-844.

[45] CHENG D, LITTLE D N, LYTTON R L, et al. Moisture damage evaluation of asphalt mixtures by considering both moisture diffusion and repeated-load conditions[J]. Transportation Research Record, 2003, 1832(1): 42-49.

[46] VASCONCELOS K L. Moisture diffusion in asphalt binders and fine aggregate mixtures[D]. College Station: Texas A&M University, 2010.

[47] LUO R, HUANG T. Development of a three-dimensional diffusion model

for water vapor diffusing into asphalt mixtures[J]. Construction and Building Materials, 2018, 179: 526-536.

[48] ZOLLINGER C J. Application of surface energy measurements to evaluate moisture susceptibility of asphalt and aggregates[D]. College Station: Texas A&M University, 2005.

[49] LUO R, HUANG T, ZHANG D, et al. Water vapor diffusion in asphalt mixtures under different relative humidity differentials[J]. Construction and Building Materials, 2017, 136: 126-138.

[50] HÉNON F E, CARBONELL R G, DESIMONE J M. Effect of polymer coatings from $CO_2$, on water-vapor transport in porous media[J]. AIChE Journal, 2002, 48(5): 941-952.

[51] PELEG M. An empirical model for the description of moisture sorption curves[J]. Journal of Food Science, 1988, 53(4): 1216-1217.

[52] APEAGYEI A K, GRENFELL J R, AIREY G D. Moisture-induced strength degradation of aggregate-asphalt mastic bonds[J]. Asphalt Paving Technology: Association of Asphalt Paving Technologists-Proceedings of the Technical Sessions, 2014, 83(1): 239-262.

[53] CRANK J. The mathematics of diffusion[M]. Oxford: Oxford University Press, 1979.

[54] APEAGYEI A K, GRENFELL J R, AIREY G D. Application of Fickian and non-Fickian diffusion models to study moisture diffusion in asphalt mastics[J]. Materials and Structures, 2015, 48(5): 1461-1474.

[55] XU H, ZHOU J, DONG Q, et al. Characterization of moisture vapor diffusion in fine aggregate mixtures using Fickian and non-Fickian models[J]. Materials & Design, 2017, 124: 108-120.

[56] MOREIRA L, COSTA V, DA SILVA F N. Effect of moisture content on curing kinetics of agglomerate cork[J]. Materials & Design, 2015, 82: 312-316.

[57] KRINGOS N, SCARPAS A, DE BONDT A. Determination of moisture susceptibility of mastic-stone bond strength and comparison to thermodynamical properties[C]. In 2008 Annual Meeting of the Association of Asphalt Paving Technologists, AAPT, Philadelphia, PA, 2008, 435-478.

[58] APEAGYEI A K, GRENFELL J R, AIREY G D. Evaluation of moisture sorption and diffusion characteristics of asphalt mastics using manual and automated gravimetric sorption techniques[J]. Journal of Materials in Civil Engineering, 2014, 26(8): 04014045.

[59] CARTER H G, KIBLER K G. Langmuir-type model for anomalous moisture diffusion in composite resins[J]. Journal of Composite Materials, 1978, 12(2): 118-131.

[60] BONNIAU P A, BUNSELL A. A comparative study of water absorption theories applied to glass epoxy composites[J]. Journal of Composite Materials, 1981, 15(3): 272-293.

[61] MITCHELL P W. The structural analysis of footings on expansive soil[C]. In Expansive Soils, 1980.

[62] VASCONCELOS K L, BHASIN A, LITTLE D N, et al. Experimental measurement of water diffusion through fine aggregate mixtures[J]. Journal of Materials in Civil Engineering, 2011, 23(4): 445-452.

[63] APEAGYEI A K, GRENFELL J R A, Airey G D. Influence of aggregate absorption and diffusion properties on moisture damage in asphalt mixtures[J]. Road Materials and Pavement Design, 2015, 16: 404-422.

[64] HUANG T, LUO R. Investigation of effect of temperature on water vapor diffusing into asphalt mixtures[J]. Construction and Building Materials, 2018, 187: 1204-1213.

[65] MONTGOMERY R. Viscosity and thermal conductivity of air and diffusivity of water vapor in air[J]. Journal of Atmospheric Sciences, 1947, 4(6): 193-196.

[66] GEANKOPOLIS C J. Transport processes and separation[M]. Englewood Cliffs: Prentice Hall. 1993.

[67] KASSEM, ABDEL-RAHMAN E   Measurements of moisture suction in hot mix asphalt mixes[D]. College Station: Texas A&M University, 2006.

[68] CHENG D. Surface free energy of asphalt-aggregate system and performance analysis of asphalt concrete based on surface free energy[D]. College Station: Texas A&M University, 2002.

[69] TERREL R L, AL-SWAILMI S. Water Sensitivity of Asphalt-Aggregate Mixes: Test Selection[J]. Oregon State University, Corvallis Strategic Highway Research Program Report, 1994.

[70] STUART K D. Moisture damage in asphalt mixtures-a state-of-the-art report[J]. Turner-Fairbank Highway Research Center, McLean Federal Highway Administration, 1990.

[71] TERREL R, AL-SWAILMI S. Water sensitivity of asphalt paving mixtures [C]. In Serviceability and Durability of Construction Materials, 1990.

[72] CHENG D, LITTLE D N, LYTTON R L, et al. Surface energy measurement of asphalt and its application to predicting fatigue and healing in asphalt mixtures[J]. Transportation Research Record, 2002, 1810(1): 44-53.

[73] ASTM. D8 Standard terminology relating to materials for roads and pavements[S]. West Conshohocken, PA, 1997.

[74] MIKNIS F, PAULI A, BEEMER A, et al. Use of NMR imaging to measure interfacial properties of asphalts[J]. Fuel, 2005, 84(9): 1041-1051.

[75] CURTIS C W, ENSLEY K, EPPS J, Fundamental properties of asphalt-aggregate interactions including adhesion and absorption[R]. Washington, DC Strategic Highway Research Program, National Research Council, 1993.

[76] SCHOLZ T V, TERREL R L, AL-JOAIB A, et al. Water sensitivity: binder validation[R]. Washington, D.C. Strategic Highway Research Program (SHRP), National Research Council, 1994.

[77] BHASIN A, LITTLE D N. Characterization of aggregate surface energy using the universal sorption device[J]. Journal of Materials in Civil Engineering, 2007, 19(8): 634-641.

[78] CHENG D, LITTLE D N, LYTTON R L, et al. Surface free energy measurement of aggregates and its application to adhesion and moisture damage of asphalt-aggregate systems[C]. In 9th Annual Symposium of the International Center for Aggregates Research, 2001.

[79] HEFER A W, BHASIN A, LITTLE D N. Bitumen surface energy characterization using a contact angle approach[J]. Journal of Materials in Civil Engineering, 2006, 18(6): 759-767.

[80] PAULI A, GRIMES W, HUANG S, et al. Surface energy studies of SHRP asphalts by AFM[J]. Preprints-American Chemical Society Division of Petroleum Chemistry, 2003, 48(1): 14-18.

[81] HEFER A W, LITTLE D N, HERBERT B E. Bitumen surface energy characterization by qa inverse gas chromatography[J]. Journal of Testing and Evaluation, 2007, 35(3): 233-239.

[82] ELPHINGSTONE JR G M. Adhesion and cohesion in asphalt-aggregate systems[D]. College Station: Texas A&M University, 1997.

[83] CHENG D, LITTLE D N, LYTTON R L, et al. Use of surface free energy properties of the asphalt-aggregate system to predict moisture damage potential (with discussion)[J]. Journal of the Association of Asphalt Paving Technologists, 2002, 71.

[84] BHASIN A, LITTLE D N, VASCONCELOS K L, et al. Surface free energy to identify moisture sensitivity of materials for asphalt mixes[J]. Transportation Research Record, 2007, 2001(1): 37-45.

[85] BHASIN A, MASAD E, LITTLE D, et al. Limits on adhesive bond energy for improved resistance of hot-mix asphalt to moisture damage[J]. Transportation Research Record, 2006, 1970(1): 2-13.

[86] MASAD E, ZOLLINGER C, BULUT R, et al. Characterization of HMA moisture damage using surface energy and fracture properties[C]. In Asphalt Paving Technology: Association of Asphalt Paving Technologists-Proceedings of the Technical Sessions, 2006.

[87] KANDHAL P S. Field and laboratory investigation of stripping in asphalt pavements: state of the art report[J]. Transportation Research Record, 1994.

[88] HUANG Y H. Pavement analysis and design[M]. Upper Saddle River, NJ: Pearson Prentice Hall, 2004.

[89] KIM N. Effect of moisture on low-temperature asphalt mixture properties and thermal cracking performance of pavements[D]. State College: The Pennsylvania State University, 1994.

[90] HICKS R G, LEAHY R B, COOK M, et al. Road map for mitigating national moisture sensitivity concerns in hot-mix pavements[C]. In Proceedings of the National Seminar on Moisture Sensitivity of Asphalt Pavements, San Diego, CA, 2003.

[91] 中交路桥技术有限公司. 公路沥青路面设计规范: JTG D50—2017[S]. 北京: 人民交通出版社, 2017.

[92] 交通运输部公路科学研究院. 公路工程沥青及沥青混合料试验规程: JTG E20—2011[S]. 北京: 人民交通出版社, 2011.

[93] TUNNICLIFF D, ROOT R. Antistripping additives in asphalt concrete-state of the art [C]. In Association of Asphalt Paving Technologists Proceedings, 1982.

[94] WILLIAMS R C, BREAKAH T M. Evaluation of hot mix asphalt moisture sensitivity using the Nottingham Asphalt test equipment[J]. Iowa Department of Transportation Ames, 2010.

[95] SOLAIMANIAN M, HARVEY J, TAHMORESSI M, et al. Test methods to predict moisture sensitivity of hot-mix asphalt pavements[C]. In Transportation research board national seminar San Diego, California, 2003.

[96] KANITPONG K, BAHIA H. Relating adhesion and cohesion of asphalts to the effect of moisture on laboratory performance of asphalt mixtures[J]. Transportation Research Record, 2005, 1901(1): 33-43.

[97] KANDHAL P S. Moisture susceptibility of HMA mixes: identification of problem and recommended solutions[R]. National Asphalt Pavement Association Washington DC, USA, 1992.

[98] AASHTO. T 283, Resistance of compacted hot mix asphalt (HMA) to moisture-induced damage[S]. Washington, DC: American Association of State Highway and Transportation Officials, 2010.

[99] EPPS J A. Compatibility of a test for moisture-induced damage with superpave volumetric mix design[M]. Transportation Research Board, 2000.

[100] LOTTMAN R P, Predicting moisture-induced damage to asphaltic concrete[R]. NCHRP Report No.192(0077-5614), 1978.

[101] ASTM. D4867/D4867M-96 Standard test method for effect of moisture on asphalt concrete paving mixtures.[S]. West Conshohocken, PA, 1996.

[102] ÖZGAN E, SERIN S. Investigation of certain engineering characteristics of asphalt concrete exposed to freeze–thaw cycles[J]. Cold Regions Science and Technology, 2013, 85: 131-136.

[103] XU H, GUO W, TAN Y. Internal structure evolution of asphalt mixtures during freeze–thaw cycles[J]. Materials & Design, 2015, 86: 436-446.

[104] CHENG Y, YU D, TAN G, et al. Low-temperature performance and damage constitutive model of eco-friendly basalt fiber–diatomite- modified asphalt mixture under freeze–thaw cycles[J]. Materials, 2018, 11(11): 2148.

[105] CHEN X, HUANG B. Evaluation of moisture damage in hot mix asphalt using simple performance and superpave indirect tensile tests[J]. Construction and Building Materials, 2008, 22(9): 1950-1962.

[106] YI J, SHEN S, MUHUNTHAN B, et al. Viscoelastic–plastic damage model for porous asphalt mixtures: Application to uniaxial compression and

freeze–thaw damage[J]. Mechanics of Materials, 2014, 70: 67-75.

[107] SOL-SÁNCHEZ M, MORENO-NAVARRO F, GARCÍA-TRAVÉ G, et al. Laboratory study of the long-term climatic deterioration of asphalt mixtures[J]. Construction and Building Materials, 2015, 88: 32-40.

[108] MATHEWS D, COLWILL D, YÜGE R. Adhesion tests for bituminous materials[J]. Journal of Applied Chemistry, 1965, 15(9): 423-431.

[109] 齐琳, 沙爱民, 陈凯. 沥青混合料水稳定性汉堡车辙试验研究[J]. 武汉理工大学学报, 2009, 31(8): 42-45.

[110] SCHRAM S, WILLIAMS R C. Ranking of HMA moisture sensitivity tests in Iowa[R]. Iowa Department of Transportation Ames, IA, 2012.

[111] YIN F, ARAMBULA E, LYTTON R, et al. Novel method for moisture susceptibility and rutting evaluation using Hamburg wheel tracking test[J]. Transportation Research Record, 2014, 2446(1): 1-7.

[112] 栗培龙, 张争奇, 李洪华, 等. 沥青混合料汉堡车辙试验方法[J]. 交通运输工程学报, 2010, 10(2): 30-35.

[113] JIMENEZ R A. Testing for debonding of asphalt from aggregates[R]. Arizona Highway Department, 1973.

[114] MALLICK R B, GOULD J S, BHATTACHARJEE S, et al. Development of a rational procedure for evaluation of moisture susceptibility of asphalt paving mixes[J]. Transportation Research Board, 2003.

[115] ASTM. D7870/D7870M-20 Standard practice for moisture conditioning compacted asphalt mixture specimens by using hydrostatic pore pressure[S]. West Conshohocken, PA, 2020.

[116] GAO J, CHEN H, JI T, et al. Measurement of dynamic hydraulic pressure in asphalt pavement using fiber bragg grating[J]. Transducer and Microsystem Technologies, 2009, 28(9): 59-61.

[117] AMERICA M. Load and inflation tables[J/OL]. 2013, http://www.michelintruck.com/michelintruck/tires-retreads/load-inflation-tables.jsp.

[118] VISHAL U, GOLI A, CHOWDARY V. Comparison of AASHTO T283 and moisture induced sensitivity tester conditioning process on the moisture resistance of bituminous concrete mixtures[M]. Conference of Transportation Research Group of India (3rd CTRG). 2018.

[119] AHMAD M, MANNAN U A, ISLAM M R, et al. Chemical and mechanical changes in asphalt binder due to moisture conditioning[J]. Road Materials and Pavement Design, 2018, 19(5): 1216-1229.

[120] TAREFDER R A, WELDEGIORGIS M T, AHMAD M. Assessment of the effect of pore pressure cycles on moisture sensitivity of hot mix asphalt using MIST conditioning and dynamic modulus[J]. Journal of Testing and Evaluation, 2014, 42(6): 1530-1540.

[121] 李达. 旧料掺量对温拌再生沥青混合料耐久性的影响分析[J]. 长安大学学报（自然科学版）, 2018, 38(5): 25-31.

[122] 任敏达, 丛林, 孙思林, 等. 多次孔隙水压作用下沥青混合料性能演化试验[J]. 吉林大学学报: 工学版, 2021, 51(4): 1277-1286.

[123] 任敏达, 冯汉卿, 丛林, 等. 沥青混合料饱水过程的强度演化规律及机理分析[J]. 建筑材料学报, 2022, 25(5): 537-544.

[124] KANITPONG K, BAHIA H U. Role of adhesion and thin film tackiness of asphalt binders in moisture damage of HMA (with discussion)[J]. Journal of the Association of Asphalt Paving Technologists, 2003, 72.

[125] ASTM. D4541-17 Standard test method for pull-off strength of coatings using portable adhesion testers[S]. West Conshohocken, PA, 2017.

[126] COPELAND A R, YOUTCHEFF J, SHENOY A. Moisture sensitivity of modified asphalt binders: factors influencing bond strength[J]. Transportation Research Record, 2007, 1998(1): 18-28.

[127] NGUYEN T, BYRD E, BENTZ D, et al. Development of a method for measuring water-stripping resistance of asphalt/siliceous aggregate mixtures[R]. National Institute of Standards and Technology, 1996.

[128] YOUTCHEFF J, AURILIO V. Moisture sensitivity of asphalt binders: evaluation and modeling of the pneumatic adhesion test results[C]. In Proceedings of the annual conference-Canadian technical asphalt association, 1997.

[129] SOLTESZ U, BAUDENDISTEL E, SCHÄFER R. Stress analyses of pull-off tests for strength measurements of coatings[M]. Bioceramics and the Human Body. Springer. 1992: 504-509.

[130] CHO D-W, BAHIA H U. Effects of aggregate surface and water on rheology of asphalt films[J]. Transportation Research Record, 2007, 1998(1): 10-17.

[131] 延西利, 梁春雨. 沥青与石料间的剪切粘附性研究[J]. 中国公路学报, 2001, 14(4): 25-27.

[132] WALUBITA L F, HUGO F, MARTIN A E. Indirect tensile fatigue performance of asphalt after MMLS3 trafficking under different environmental conditions[J]. Journal of the South African Institution of Civil Engineering, 2002, 44(3): 2.

[133] 张祥, 徐鸣遥, 王珏, 等. 沥青与石料之间粘结强度的试验研究[J]. 中外公路, 2013, 33(6): 255-259.

[134] SOUSA P, KASSEM E, MASAD E, et al. New design method of fine aggregates mixtures and automated method for analysis of dynamic mechanical characterization data[J]. Construction and Building Materials, 2013, 41: 216-223.

[135] JAHROMI S G. Estimation of resistance to moisture destruction in asphalt mixtures[J]. Construction and Building Materials, 2009, 23(6): 2324-2331.

[136] AHMAD J, YUSOFF N I M, Hainin M R, et al. Investigation into hot-mix asphalt moisture-induced damage under tropical climatic conditions[J]. Construction and Building Materials, 2014, 50: 567-576.

[137] POULIKAKOS L D, PARTL M. A multi-scale fundamental investigation of

moisture induced deterioration of porous asphalt concrete[J]. Construction and Building Materials, 2012, 36: 1025-1035.

[138] 任敏达. 基于 AFM 的多聚磷酸改性沥青改性机理及老化前后微观性能研究[D]. 呼和浩特：内蒙古工业大学, 2018.

[139] KIGGUNDU B M, ROBERTS F L. Stripping in HMA mixtures: state-of-the-art and critical review of test methods[R]. National Center for Asphalt Technology, 1988.

[140] AIREY G D, CHOI Y-K. State of the art report on moisture sensitivity test methods for bituminous pavement materials[J]. Road Materials and Pavement Design, 2002, 3(4): 355-372.

[141] CARO S, MASAD E, BHASIN A, et al. Moisture susceptibility of asphalt mixtures, Part 2: characterisation and modelling[J]. International Journal of Pavement Engineering, 2008, 9(2): 99-114.

[142] LEMAITRE J, DESMORAT R. Engineering damage mechanics: ductile, creep, fatigue and brittle failures[M]. Berlin: Springer Science & Business Media, 2006.

[143] KACHANOV M. On the concept of damage in creep and in the brittle-elastic range[J]. International Journal of Damage Mechanics, 1994, 3(4): 329-337.

[144] RABOTNOV I N, RABOTNOV I U N, RABOTNOV I U R N, et al. Creep problems in structural members[M]. Amsterdam: North-Holland Publishing Company, 1969.

[145] KRAJCINOVIC D. Damage mechanics[M]. Amsterdam: Elsevier, 1996.

[146] KRAJCINOVIC D. Essential damage mechanics-bridging the scales[J]. O Allix and F Hild (Edts): Continuum Damage Mechanics of Materials and Structures, Elsevier, 2002: 17-47.

[147] TALREJA R. Damage characterization by internal variables[J]. Composite Materials Series, 1994: 53-53.

[148] COPELAND A, KRINGOS N. Determination of bond strength as a function of moisture content at the aggregate-mastic interface[C]. In 10th International Conference on Asphalt Pavements Quebec, Canada 2006.

[149] SHAKIBA M, DARABI M K, AL-RUB R K A, et al. Microstructural modeling of asphalt concrete using a coupled moisture–mechanical constitutive relationship[J]. International Journal of Solids and Structures, 2014, 51(25-26): 4260-4279.

[150] SHAKIBA M, AL-RUB R K A, DARABI M K, et al. Continuum coupled moisture–mechanical damage model for asphalt concrete[J]. Transportation Research Record, 2013, 2372(1): 72-82.

[151] SHAKIBA M, DARABI M K, ABU AL-RUB R K, et al. Constitutive modeling of the coupled moisture-mechanical response of particulate composite materials with application to asphalt concrete[J]. Journal of Engineering Mechanics, 2015, 141(2): 04014120.

[152] AL-RUB R K A, MASAD E, GRAHAM M A. Physically based model for predicting the susceptibility of asphalt pavements to moisture-induced damage[R]. Southwest Region University Transportation Center, Texas Transportation Institute, Texas A & M University System, 2010.

[153] SCHAPERY R A. Correspondence principles and a generalizedJ integral for large deformation and fracture analysis of viscoelastic media[J]. International Journal of Fracture, 1984, 25(3): 195-223.

[154] SCHAPERY R. A theory of mechanical behavior of elastic media with growing damage and other changes in structure[J]. Journal of the Mechanics and Physics of Solids, 1990, 38(2): 215-253.

[155] KIM Y R. Modeling of asphalt concrete[M]. New York: McGraw-Hill, 2008.

[156] DESAI C S. Unified DSC constitutive model for pavement materials with numerical implementation[J]. International Journal of Geomechanics, 2007, 7(2): 83-101.

[157] LOGAN D L. A first course in the finite element method[M]. Boston: Cengage Learning, 2016.

[158] 廖公云, 黄晓明. ABAQUS 有限元软件在道路工程中的应用[M]. 2 版. 南京: 东南大学出版社, 2014.

[159] COURANT R. Variational methods for the solution of problems of equilibrium and vibrations[J]. Bulletin of the American Mathematical Society, 1943, 49(1): 1-23.

[160] 廖公云, 黄晓明. ABAQUS 有限元软件在道路工程中的应用[M]. 南京: 东南大学出版社, 2008.

[161] LOIZOS A, SCARPAS A. Verification of falling weight deflectometer backanalysis using a dynamic finite elements simulation[J]. International Journal of Pavement Engineering, 2005, 6(2): 115-123.

[162] LIU P, XING Q, WANG D, et al. Application of dynamic analysis in semi-analytical finite element method[J]. Materials, 2017, 10(9): 1009-1010.

[163] LIU P, XING Q, WANG D, et al. Application of linear viscoelastic properties in semianalytical finite element method with recursive time integration to analyze asphalt pavement structure[J]. Advances in Civil Engineering, 2018(1): 1-15.

[164] SOUZA L T, KIM Y-R, SOUZA F V, et al. Experimental testing and finite-element modeling to evaluate the effects of aggregate angularity on bituminous mixture performance[J]. Journal of Materials in Civil Engineering, 2012, 24(3): 249-258.

[165] YIN A, YANG X, GAO H, et al. Tensile fracture simulation of random heterogeneous asphalt mixture with cohesive crack model[J]. Engineering Fracture Mechanics, 2012, 92: 40-55.

[166] YIN A, YANG X, YANG Z. 2D and 3D fracture modeling of asphalt mixture with randomly distributed aggregates and embedded cohesive cracks[J]. Procedia Iutam, 2013, 6: 114-122.

[167] YIN A, YANG X, ZENG G, et al. Fracture simulation of pre-cracked heterogeneous asphalt mixture beam with movable three-point bending load[J]. Construction and Building Materials, 2014, 65: 232-242.

[168] YIN A, YANG X, ZENG G, et al. Experimental and numerical investigation of fracture behavior of asphalt mixture under direct shear loading[J]. Construction and Building Materials, 2015, 86: 21-32.

[169] YANG Z, SU X, CHEN J F, et al. Monte Carlo simulation of complex cohesive fracture in random heterogeneous quasi-brittle materials[J]. International Journal of Solids and Structures, 2009, 46(17): 3222-3234.

[170] WANG X, YANG Z J, YATES J, et al. Monte Carlo simulations of mesoscale fracture modelling of concrete with random aggregates and pores[J]. Construction and Building Materials, 2015, 75: 35-45.

[171] DAI Q, YOU Z. Prediction of creep stiffness of asphalt mixture with micromechanical finite-element and discrete-element models[J]. Journal of Engineering Mechanics, 2007, 133(2): 163-173.

[172] HU J, LIU P, WANG D, et al. Influence of aggregates' spatial characteristics on air-voids in asphalt mixture[J]. Road Materials and Pavement Design, 2018, 19(4): 837-855.

[173] HU J, LIU P, WANG D, et al. Investigation on interface stripping damage at high-temperature using microstructural analysis[J]. International Journal of Pavement Engineering, 2019, 20(5): 544-556.

[174] KIM H, BUTTLAR W G. Discrete fracture modeling of asphalt concrete[J]. International Journal of Solids and Structures, 2009, 46(13): 2593-2604.

[175] LIU P, HU J, WANG D, et al. Modelling and evaluation of aggregate morphology on asphalt compression behavior[J]. Construction and Building Materials, 2017, 133: 196-208.

[176] REN W, YANG Z, SHARMA R, et al. Two-dimensional X-ray CT image based meso-scale fracture modelling of concrete[J]. Engineering Fracture

Mechanics, 2015, 133: 24-39.

[177] LITTLE D N, ALLEN D H, BHASIN A. Modeling and design of flexible pavements and materials[M]. Springer, 2018.

[178] BREAKAH T M, BAUSANO J P, WILLIAMS R C. Integration of moisture sensitivity testing with gyratory mix design and mechanistic- empirical pavement design[J]. Journal of Transportation Engineering, 2009, 135(11): 852-857.

[179] ABUAWAD I, AURANGZEB Q, ALQADI I L, et al. Potential moisture damage of asphalt mixtures with additives using various test mechanisms[J]. Transportation Research Board Annual Meeting, 2014.

[180] KRINGOS N, SCARPAS A. Raveling of asphaltic mixes due to water damage: computational identification of controlling parameters[J]. Transportation Research Record, 2005, 1929(1): 79-87.

[181] KIM Y R, LUTIF J S, BHASIN A, et al. Evaluation of moisture damage mechanisms and effects of hydrated lime in asphalt mixtures through measurements of mixture component properties and performance testing[J]. Journal of Materials in Civil Engineering, 2008, 20(10): 659- 667.

[182] CARO S, MASAD E, BHASIN A, et al. Probabilistic modeling of the effect of air voids on the mechanical performance of asphalt mixtures subjected to moisture diffusion[J]. Asphalt Paving Technology- Proceedings Association of Asphalt Technologists, 2010, 79: 221.

[183] BAN H, IM S, KIM Y-R, et al. Laboratory tests and finite element simulations to model thermally induced reflective cracking of composite pavements[J]. International Journal of Pavement Engineering, 2018, 19(3): 220-230.

[184] BHATTACHARJEE S, MALLICK R B. Effect of temperature on fatigue performance of hot mix asphalt tested under model mobile load simulator[J]. International Journal of Pavement Engineering, 2012, 13(2): 166-180.

[185] WaNG H, AL-QADI I L. Near-surface pavement failure under multiaxial stress state in thick asphalt pavement[J]. Transportation Research Record, 2010, 2154(1): 91-99.

[186] WANG H, WANG J, CHEN J. Micromechanical analysis of asphalt mixture fracture with adhesive and cohesive failure[J]. Engineering Fracture Mechanics, 2014, 132: 104-119.

[187] 黄志义, 王金昌, 朱向荣. 含裂缝沥青混凝土路面的粘弹性断裂分析[J]. 中国公路学报, 2006, 19(2): 18-23.

[188] 郑传超, 郭进英. 纤维加筋沥青混凝土断裂性能试验[J]. 长安大学学报: 自然科学版, 2005, 25(3): 28-32.

[189] JACOBS M, HOPMAN P, MOLENAAR A. Application of fracture mechanics principles to analyze cracking in asphalt concrete (with discussion)[J]. Journal of the Association of Asphalt Paving Technologists, 1996, 65.

[190] JENQ Y-S, LIAW C-J, LIEU P. Analysis of crack resistance of asphalt concrete overlays. A fracture mechanics approach[J]. Transportation Research Record, 1993, 1388: 160-166.

[191] KIM Y-R. Cohesive zone model to predict fracture in bituminous materials and asphaltic pavements: state-of-the-art review[J]. International Journal of Pavement Engineering, 2011, 12(4): 343-356.

[192] SONG S H, PAULINO G H, BUTTLAR W G. Simulation of crack propagation in asphalt concrete using an intrinsic cohesive zone model[J]. Journal of Engineering Mechanics, 2006, 132(11): 1215-1223.

[193] SONG S H. Fracture of asphalt concrete: a cohesive zone modeling approach considering viscoelastic effects[D]. Illinoins: University of Illinois at Urbana-Champaign, 2006.

[194] BARENBLATT G I. The formation of equilibrium cracks during brittle fracture. General ideas and hypotheses. Axially-symmetric cracks[J]. Journal of Applied Mathematics and Mechanics, 1959, 23(3): 622-636.

[195] XU X-P, NEEDLEMAN A. Numerical simulations of fast crack growth in brittle solids[J]. Journal of the Mechanics and Physics of Solids, 1994, 42(9): 1397-1434.

[196] DU C, SUN Y, CHEN J, et al. Analysis of cohesive and adhesive damage initiations of asphalt pavement using a microstructure-based finite element model[J]. Construction and Building Materials, 2020, 261: 119973.

[197] MOTEVALIZADEH S, ROOHOLAMINI H. Cohesive zone modeling of EAF slag-included asphalt mixtures in fracture modes I and II [J]. Theoretical and Applied Fracture Mechanics, 2021, 112: 102918.

[198] DU J, REN D, AI C, et al. Effect of aggregate gradation on crack propagation in asphalt mixtures at low temperatures based on the Eshelby equivalent inclusion theory[J]. Construction and Building Materials, 2021, 290: 123181.

[199] ALIHA M, ZIARI H, MOJARADI B, et al. Modes I and II stress intensity factors of semi-circular bend specimen computed for two-phase aggregate/mastic asphalt mixtures[J]. Theoretical and Applied Fracture Mechanics, 2020, 106: 102437.

[200] AL-QUDSI A, FALCHETTO A C, WANG D, et al. Finite element cohesive fracture modeling of asphalt mixture based on the semi-circular bending (SCB) test and self-affine fractal cracks at low temperatures[J]. Cold Regions Science and Technology, 2020, 169: 1-7.

[201] ZhAO Y, NI F, ZHOU L, et al. Heterogeneous fracture simulation of asphalt mixture under SCB test with cohesive crack model[J]. Road Materials and Pavement Design, 2017, 18(6): 1411-1422.

[202] AMERI M, MANSOURIAN A, PIRMOHAMMAD S, et al. Mixed mode fracture resistance of asphalt concrete mixtures[J]. Engineering Fracture Mechanics, 2012, 93: 153-167.

[203] WANG H, WANG J, CHEN J. Fracture simulation of asphalt concrete with

randomly generated aggregate microstructure[J]. Road Materials and Pavement Design, 2018, 19(7): 1674-1691.

[204] NG K, DAI Q. Investigation of fracture behavior of heterogeneous infrastructure materials with extended-finite-element method and image analysis[J]. Journal of Materials in Civil Engineering, 2011, 23(12): 1662-1671.

[205] IM S, BAN H, KIM Y-R. Characterization of mode-Ⅰ and mode-Ⅱ fracture properties of fine aggregate matrix using a semicircular specimen geometry[J]. Construction and Building Materials, 2014, 52: 413-421.

[206] MEZA-LOPEZ J, NOREÑA N, MEZA C, et al. Modeling of asphalt concrete fracture tests with the discrete-element method[J]. Journal of Materials in Civil Engineering, 2020, 32(8): 04020228.

[207] LI X, BRAHAM A F, MARASTEANU M O, et al. Effect of factors affecting fracture energy of asphalt concrete at low temperature[J]. Road Materials and Pavement Design, 2008, 9(1): 397-416.

[208] ZHU Y, DAVE E V, RAHBAR-RASTEGAR R, et al. Comprehensive evaluation of low-temperature fracture indices for asphalt mixtures[J]. Road Materials and Pavement Design, 2017, 18(4): 467-490.

[209] BEKELE A, BALIEU R, JELAGIN D, et al. Micro-mechanical modelling of low temperature-induced micro-damage initiation in asphalt concrete based on cohesive zone model[J]. Construction and Building Materials, 2021, 286: 122971.

[210] CHANG L, KAIJIAN N. Simulation of asphalt concrete cracking using Cohesive Zone Model[J]. Construction and Building Materials, 2013, 38: 1097-1106.

[211] KOLLMANN J, LIU P, LU G, et al. Investigation of the microstructural fracture behaviour of asphalt mixtures using the finite element method[J]. Construction and Building Materials, 2019, 227: 117078.

# 2　水分扩散的建模方法与吸湿试验

沥青路面的水损害是除车辙与开裂以外的第三大损伤类型，据不完全统计，道路养护部门每年都有数十亿的资金花费在维修坑槽上，而道路使用者每年用于维修由坑槽导致的车辆损失费用则更多[1]。通常认为，周围环境中的水会在各种形式驱动力下进入沥青路面，之后水分在扩散作用下穿过内部空隙以及沥青胶浆，最终到达集料表面。这一过程会造成沥青胶浆自身黏结性能下降，最终到达集料表面的水分也会引起胶浆-集料之间的黏附性能下降，导致脱附以及剥落现象。上述就是沥青混凝土中水分弱化现象的过程。不难发现，研究水分弱化效应的基础是对水分在沥青混凝土中的扩散过程进行研究，并根据扩散原理提出有效的量化模型。

本章分别从宏观与微观角度对环境中水分向沥青路面的扩散过程进行了建模计算与试验表征，具体结构如下：2.1 节主要介绍利用 Fickian 扩散模型对水分向沥青路面的宏观扩散进行建模分析；2.2 节主要介绍水分扩散的微观机理以及扩散模型中核心特征参数的求解方法等；2.3 节主要介绍沥青胶浆的吸湿试验以及基于试验结果对特征参数进行求解等。最终得到符合我国南北方气候特征的水分穿透沥青胶浆的扩散模型。本章研究思路如图 2.1 所示。

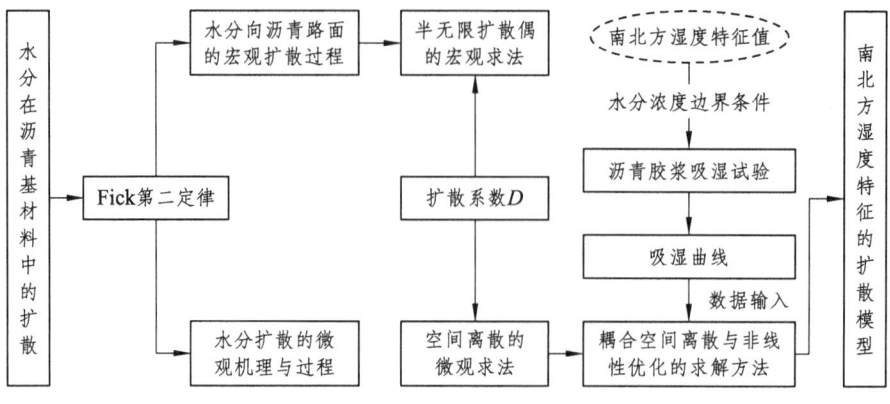

图 2.1　第 2 章研究思路

## 2.1　水分向沥青路面的扩散过程建模分析

环境中的水进入沥青路面的方式有很多种，通过扩散作用进入沥青路面的水分是沥青混凝土中累积水分的主要来源之一。虽然在短时间内这种扩散作用累积水分较少，但随着沥青路面服役时间的增加，沥青混凝土中的累积水分也不断增加，因此有必要对这一过程进行建模分析。

### 2.1.1　扩散定律

Fick 于 1855 年参考导热方程，通过试验确立了扩散物质量与其浓度梯度之间的宏观规律，即单位时间内通过垂直于扩散方向的单位截面积的物质量（扩散通量）与该物质在该面积处的浓度梯度成正比，数学表达式为

$$J = -D\frac{\partial C}{\partial x} \tag{2.1}$$

式中：$J$——扩散通量，表示物质通过单位截面的流量，kg/(m²·s)；

$x$——扩散距离，m；

$C$——扩散物质的体积浓度，kg/m³ 或原子数/m³；

$\partial C/\partial x$——沿 $x$ 方向的浓度梯度，kg/(m³·m)；

$D$——原子的扩散系数，$m^2/s$。

负号表示扩散由高浓度向低浓度方向进行。

式（2.1）即为 Fick 第一定律或称扩散第一定律。

扩散第一定律有以下几个基本性质：

（1）扩散第一方程，与经典力学的牛顿第二方程、量子力学的薛定谔方程相类似，均为经过广泛实验验证的公理，是扩散理论的重要基石。

（2）当 $\partial C/\partial x=0$ 时，$J=0$，表明在浓度均匀的系统中，尽管原子的微观运动仍在进行，但不会产生宏观的扩散现象。这一结论仅适合于扩散系统中原子由高浓度向低浓度的扩散。

（3）在扩散第一定律中没有给出扩散与时间的关系，故此定律适合于描述 $\partial C/\partial t=0$ 的稳态扩散，即在扩散过程中，系统各处的浓度不随时间变化。

实际上稳态扩散的情况很少见，大多数扩散为非稳态扩散，对于这种非稳态扩散可以通过扩散第一定律以及物质平衡原理两个方面加以解决。原子通过微元体的情况如图 2.2 所示。

图 2.2 原子通过微元体的情况

考虑如图 2.2 所示的扩散体系，扩散物质沿 $x$ 方向通过截面积为 $A$（$A=\Delta y \Delta z$）、长度为 $\Delta x$ 的微元体，假设流入微元体（$x$ 处）和流出微元体（$x+\Delta x$ 处）的扩散通量分别为 $J_x$ 和 $J_{x+\Delta x}$，则在 $\Delta t$ 时间内微元体中累积的扩散物质质量为

$$\Delta m = (J_x A - J_{x+\Delta x} A)\Delta t \qquad (2.2)$$

$$\frac{\Delta m}{\Delta x A \Delta t} = \frac{(J_x - J_{x+\Delta x})}{\Delta x} \qquad (2.3)$$

当 $\Delta x \to 0$, $\Delta t \to 0$ 时，则有

$$\frac{\partial C}{\partial t} = -\frac{\partial J}{\partial x} \quad (2.4)$$

将式（2.1）代入，可得

$$\frac{\partial C}{\partial t} = \frac{\partial}{\partial x}\left(D\frac{\partial C}{\partial x}\right) = D\frac{\partial^2 C}{\partial x^2} \quad (2.5)$$

式（2.5）即为 Fick 第二定律或称为扩散第二定律。

对于三维扩散，根据具体问题可采用不同的坐标系，在直角坐标系下的扩散第二定律可由式（2.5）拓展得

$$\frac{\partial C}{\partial t} = \frac{\partial}{\partial x}\left(D_x\frac{\partial C}{\partial x}\right) + \frac{\partial}{\partial y}\left(D_y\frac{\partial C}{\partial y}\right) + \frac{\partial}{\partial z}\left(D_z\frac{\partial C}{\partial z}\right) \quad (2.6)$$

对于扩散体系为各向同性时，如立方晶体，有 $D_x = D_y = D_z = D$，若扩散体系与浓度无关，则式（2.6）转变为

$$\frac{\partial C}{\partial t} = D\left(\frac{\partial^2 C}{\partial x^2} + \frac{\partial^2 C}{\partial y^2} + \frac{\partial^2 C}{\partial z^2}\right) \quad (2.7)$$

引入 Laplace 算子，则式（2.7）可以简写为

$$\frac{\partial C}{\partial t} = D\nabla^2 C \quad (2.8)$$

对非稳态扩散的求解可以通过构建误差函数的方式进行，先求解出式（2.8）的通解，之后根据所研究问题的边界条件与初始条件，求出所研究问题的特解。误差函数解适用于无限长或者半无限长物体的扩散。无限长的意义是相对于原子扩散区长度而言的，只要扩散物体的长度远大于扩散区的长就可以认为物体是无限长的。水分在沥青路面中的传输，扩散相为大气环境，被扩散质为沥青路面，二者从尺度上均远大于扩散区，因此对于本章水分向沥青路面扩散模型可以用误差函数的方式进行求解。

## 2.1.2 水分向沥青路面的传输模型

首先将选取大气中水分向沥青路面传输这一问题的一部分进行建模，如图 2.3 所示。该部分建模与推导为根据经典理论模型的跟踪性（拓展性）推导。

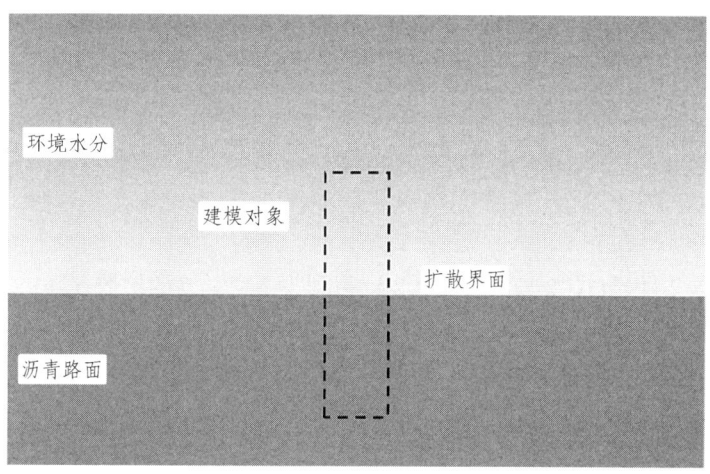

图 2.3　大气中水分向沥青路面传输示意

图 2.3 所示的水分向沥青路面扩散的问题中选取沥青路面的一部分作为细观模型，对非稳态扩散方程进行求解。设原本沥青路面中水分浓度为 $C_1$，原本大气中水分浓度为 $C_2$，且 $C_2 \gg C_1$。选取大气与沥青路面部分的横截面相同，且水分浓度分布均匀，二者相接形成扩散偶，如图 2.4 所示。

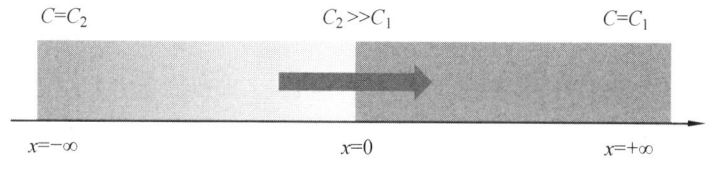

图 2.4　一对无限长扩散偶示意

如图 2.4 所示，无限长扩散偶中的水分由负 $x$ 轴向正 $x$ 轴扩散，该问题的初始条件（Initial Condition，IC）见式（2.9），边界条件（Boundary Condition，BC）见式（2.10）。

初始条件：　　　$t = 0$，$x < 0$，$C = C_2$；$x > 0$，$C = C_1$　　　（2.9）

边界条件: $t \geqslant 0$, $x = -\infty$, $C = C_2$; $x = +\infty$, $C = C_1$ （2.10）

为求得式（2.5）所示一维非稳态扩散方程的解为 $C(x,t)$, 引入中间变量 $\beta$, 令 $\beta = x/2\sqrt{Dt}$, 采用变量代换法, 将其代入式（2.5）的左右两边, 可得式（2.11）与式（2.12）。

$$\frac{\partial C}{\partial t} = \frac{\partial C}{\partial \beta}\frac{\partial \beta}{\partial t} = -\frac{\beta}{2t}\frac{\partial C}{\partial \beta} \quad (2.11)$$

$$\frac{\partial^2 C}{\partial x^2} = \frac{\partial}{\partial x}\left(\frac{\partial C}{\partial x}\right) = \frac{\partial}{\partial x}\left(\frac{\partial C}{\partial \beta}\frac{\partial \beta}{\partial x}\right) = \frac{\partial \beta}{\partial x}\frac{\partial}{\partial \beta}\left(\frac{\partial C}{\partial \beta}\frac{\partial \beta}{\partial x}\right) = \frac{\partial^2 C}{\partial \beta^2}\left(\frac{\partial \beta}{\partial x}\right)^2 = \frac{1}{4Dt}\frac{\partial^2 C}{\partial \beta^2}$$

（2.12）

将式（2.11）与式（2.12）代入式（2.5）得到关于变量 $\beta$ 的扩散方程式（2.13）:

$$\frac{\partial^2 C}{\partial \beta^2} + 2\beta\frac{\partial C}{\partial \beta} = 0 \quad (2.13)$$

式（2.13）偏微分方程的通解为

$$C = A_1\int_0^\beta \exp(-\beta^2)\mathrm{d}\beta + A_2 \quad (2.14)$$

式中: $A_1$、$A_2$——积分常数, $mol/m^3$。

该积分式无法得到解析解, 只能通过数值方法对其进行离散逼近, 本节采用误差函数法, 定义一个包含变量 $\beta$ 的误差函数, 见式（2.15）:

$$\mathrm{erf}(\beta) = \frac{2}{\sqrt{\pi}}\int_0^\beta \exp(-\beta^2)\mathrm{d}\beta \quad (2.15)$$

误差函数是一个关于原点对称的函数, 其性质如下: $\mathrm{erf}(+\infty) = 1$, $\mathrm{erf}(-\beta) = -\mathrm{erf}(\beta)$。误差函数的取值可以通过查表获得。根据误差函数的性质, 当 $\beta \to \pm\infty$ 时:

$$\int_0^\beta \exp(-\beta^2)\mathrm{d}\beta = \pm\frac{\sqrt{\pi}}{2} \quad (2.16)$$

联立式（2.16）与初始条件（2.9）可得式（2.17）与式（2.18）。

$$C_1 = \frac{\sqrt{\pi}}{2}A_1 + A_2 \quad (2.17)$$

$$C_2 = -\frac{\sqrt{\pi}}{2} A_1 + A_2 \qquad (2.18)$$

联立式（2.17）与式（2.18），可以求得积分常数 $A_1$ 与 $A_2$，见式（2.19）：

$$A_1 = \frac{C_1 - C_2}{\sqrt{\pi}}, \quad A_2 = \frac{C_1 + C_2}{2} \qquad (2.19)$$

将式（2.19）、式（2.15）代入式（2.14）中，可得水分向沥青路面非稳态扩散的解，见式（2.20）：

$$C(x,t) = \frac{C_1 - C_2}{\sqrt{\pi}} \mathrm{erf}\left(\frac{x}{2\sqrt{Dt}}\right) + \frac{C_1 + C_2}{2} \qquad (2.20)$$

水分向沥青路面非稳态扩散的水分分布如图 2.5 所示。

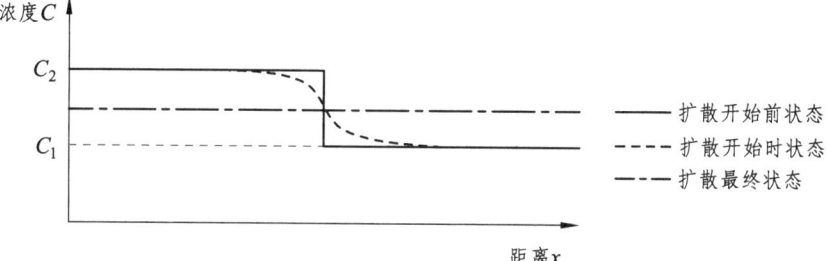

图 2.5 水分向沥青路面非稳态扩散偶的水分分布

根据上述水分向沥青路面扩散的求解过程，可以得出以下两个结论：

（1）$C(x,t)$ 曲线特点。根据式（2.20）可以确定沥青路面与水分环境扩散界面处浓度 $C_s$，即 $t > 0$，$x = 0$ 时，$C_s$ 可按式（2.21）进行计算，即

$$C_s = \frac{C_1 + C_2}{2} \qquad (2.21)$$

式（2.21）中扩散界面处浓度 $C_s$ 为扩散前大气中水分浓度与沥青路面中水分浓度的平均值，该值在扩散过程中一直保持不变。若假设沥青路面中初始水分浓度 $C_1 = 0$，则扩散方程的解式（2.20）可以化简为式（2.22），进行计算，即

$$C = \frac{C_2}{2}\left[1 - \frac{2}{\sqrt{\pi}}\mathrm{erf}\left(\frac{x}{2\sqrt{Dt}}\right)\right], \quad C_s = \frac{C_2}{2} \qquad (2.22)$$

在任意时刻，浓度曲线都关于 $x=0$，$C_s=(C_1+C_2)/2$ 中心对称。当 $x\to\infty$ 时，扩散曲线趋近于扩散前浓度；当 $t\to\infty$ 时，扩散体系中各点的浓度均达到平均浓度 $C_s$。

（2）非稳态扩散的抛物线特征。根据式（2.22），若研究问题是求解扩散体系中 $x$ 处达到浓度 $C$ 所需的时间，则可以根据式（2.23）进行计算，即

$$x = K\sqrt{Dt} \tag{2.23}$$

式（2.23）中，$K$ 是与被扩散物质晶体结构有关的微观物质常数。式（2.23）也说明，水分向沥青路面的扩散过程中，扩散质的扩散距离与时间呈抛物线关系。

## 2.2　扩散理论的微观机理与特征参数求解方法

尽管沥青混凝土中存在众多微空隙，使得水在这些微空隙中的传输可能不符合扩散定律，但微空隙中的水对沥青混凝土性能的不利影响较小。然而，一旦水进入到沥青胶浆并最终到达集料表面，就会导致沥青混凝土的黏结（附）失效。因此，需要对水分在沥青胶浆中的扩散机理进行研究。事实上，宏观扩散现象可以认为是微观中大量原子无规则跳动的统计结果。[本节中相关推导为作者根据经典理论模型的跟踪性（拓展性）推导。]

### 2.2.1　基于分子热运动理论的扩散微观机理分析

设扩散中存在一个微观晶体，其中的原子在跳动时并非沿直线迁移，而是呈折线的随机跳动。原子的位移矢量 $\vec{R_n}$ 可以认为是原子在 $t$ 时间内跳动了 $n$ 次之后的矢量和（图2.6），设原子每次跳动的位移矢量为 $\vec{r_i}$，则原子经过 $n$ 次随机跳动之后从始点至终点的位移矢量为 $\vec{R_n}$ 为

$$\vec{R_n} = \vec{r_1} + \vec{r_2} + \vec{r_3} + \cdots + \vec{r_n} = \sum_{i=1}^{n}\vec{r_i} \tag{2.24}$$

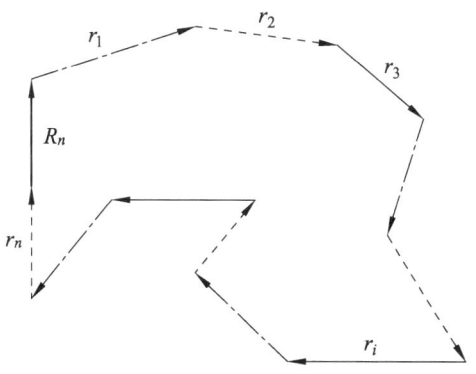

图 2.6　原子位移矢量的合成

为了量化位移矢量 $\overrightarrow{R_n}$，防止其因正负向跳动而导致位移矢量相互抵消，对其采用点积运算，得到 $\overrightarrow{R_n}^2$ 的计算式为

$$\overrightarrow{R_n}^2 = \vec{R}\cdot\vec{R} = \vec{r_1}\cdot\vec{r_1}+\vec{r_1}\cdot\vec{r_2}+\vec{r_1}\cdot\vec{r_3}+\cdots+\vec{r_1}\cdot\vec{r_n}+\cdots+\vec{r_n}\cdot\vec{r_1}+\vec{r_n}\cdot\vec{r_2}+\vec{r_n}\cdot\vec{r_3}+\cdots+\vec{r_n}\cdot\vec{r_n} = \sum_{i=1}^{n}\vec{r_i}^2+2\sum_{i=1}^{n}\vec{r_i}\cdot\vec{r_{i+1}}+2\sum_{i=1}^{n}\vec{r_i}\cdot\vec{r_{i+2}}+\cdots+2\vec{r_1}\cdot\vec{r_n} \qquad (2.25)$$

式（2.25）简写为式（2.26）：

$$\overrightarrow{R_n}^2 = \sum_{i=1}^{n}\vec{r_i}^2 + 2\sum_{j=1}^{n-1}\sum_{j=1}^{n-j}\vec{r_i}\cdot\vec{r_{i+j}} \qquad (2.26)$$

通常对于对称性较高的立方晶体，可以假设原子跳动的步长相等，令 $|r_1|=|r_2|=|r_3|=\cdots=|r|$，则式（2.26）可以进一步化简为式（2.27）：

$$\overrightarrow{R_n}^2 = nr^2 + 2r^2\sum_{j=1}^{n-1}\sum_{j=1}^{n-j}\cos\theta_{i,i+j} \qquad (2.27)$$

其中，$\theta_{i,i+j}$ 是位移矢量 $r_i$、$r_{i+j}$ 之间的夹角。

式（2.7）表征了一个原子经过有限次随机跳动后产生的净位移，而对于扩散域中的其余大量原子的随机跳动所产生的总净位移，用式（2.7）的算术平均值来表示，即

$$\overline{\overrightarrow{R_n}^2} = nr^2 + 2r^2\overline{\sum_{j=1}^{n-1}\sum_{j=1}^{n-j}\cos\theta_{i,i+j}} \qquad (2.28)$$

有关原子无限次跳动的理解可以分两种个方面，一方面可以认为是有限数量的原子跳动了无限次，另一方面可以认为是无限多原子进行了有限次跳动。当原子跳动接近无限次时，由于原子的正反跳动概率相同，则式（2.28）中求和项之间相互抵消变为零。例如，扩散域中的原子总计跳动了 $n$ 次，设在式（2.28）中的求和项中有 $i$ 个 $\cos\theta$ 项，当 $n\to\infty$，且 $i$ 足够大时，必然有同样数量的 $\cos(\theta+\pi)$ 项与之对应，从而导致两组向量方向相反，相互抵消，因此式（2.28）可以简化为式（2.29）：

$$\overline{R_n^2} = nr^2 \qquad (2.29)$$

将式（2.29）进行开方运算，得到原子净位移的标量值，也可称之为原子的平均扩散距离，见式（2.30）：

$$\sqrt{\overline{R_n^2}} = \sqrt{n}\, r \qquad (2.30)$$

引入原子跳动频率，用字母 $\Gamma$ 表示，其物理意义是单位时间内的跳动次数。与振动频率不同之处在于跳动是指原子位置的变化，而振动是指原子在自己位置上的振动，因此二者之间的关系可以理解为，如果原子在平衡位置逗留 $\tau$ 秒（即每振动 $\tau$ 秒）才能跳动一次，即 $\Gamma = 1/\tau$，那么原子在 $t$ 时间内的跳动次数可以用原子跳动概率 $\Gamma$ 与时间 $t$ 的乘积表示，即 $n = \Gamma t$，将其代入式（2.30）可得式（2.31）。

$$\sqrt{\overline{R_n^2}} = \sqrt{\Gamma t}\cdot r \qquad (2.31)$$

式（2.31）的意义在于建立了扩散的宏观位移量与等微观量之间的关系。式（2.31）等号左侧含义是无限多原子的平均扩散距离，即宏观扩散距离；右侧为原子跳动频率、跳动距离微观量。式（2.31）也表明根据微观理论推导出的扩散距离与时间的关系呈抛物线规律，与宏观推导结果式（2.23）相同。

由上述分析可知，大量原子的微观跳动决定了宏观的扩散距离，而扩散距离又与原子的扩散系数有关，故原子跳动与扩散系数也势必存在联系。为了探究原子跳动与扩散系数之间的关系，考虑沥青胶浆中的两个相邻的扩散相界面，如图2.7所示。

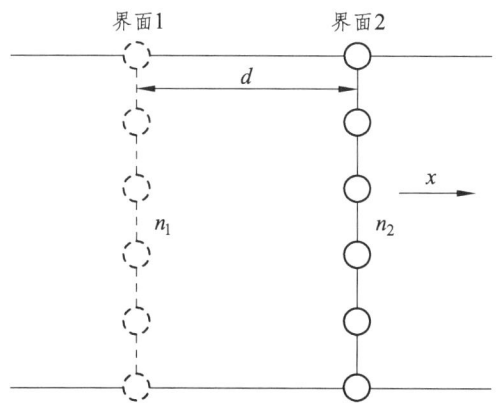

图 2.7　沥青胶浆中的两个扩散相界面

设水分子在界面 1 处与界面 2 处的面浓度分别为 $n_1$ 和 $n_2$，两扩散面之间的距离为 $d$，原子跳动频率为 $\Gamma$。在原子扩散过程，界面 1 处水分子若想扩散至界面 2 处，需要界面 2 处有能够容纳界面 1 处水分子的位置。但水分子的跳动是随机的，因此存在一个跳动概率 $P$。如果界面 1 处水分子向周围近邻所有可能跳动位置数为 $n$，而在界面 2 处能够容纳界面 1 水分子的位置数为 $m$，则跳动概率为 $P=m/n$。譬如，在简单立方体晶体中，水分子可以向 6 个方向跳动，只向 $x$ 轴跳动的概率 $P=1/6$。

在图 2.7 所示的两个扩散界面中，设无论由界面 1 跳向界面 2 还是由界面 2 跳向界面 1 的跳动概率均为 $P$，则在 $\Delta t$ 时间内，单位面积上由界面 1 跳向界面 2 或者由界面 2 跳向界面 1 的水分子数分别为式（2.32）与式（2.33）：

$$N_{1\to 2}=n_1 P\Gamma\Delta t \quad (2.32)$$

$$N_{2\to 1}=n_2 P\Gamma\Delta t \quad (2.33)$$

观察式（2.32）与式（2.33）可以发现，当界面 1 浓度大于界面 2 浓度（$n_1>n_2$）时，界面 1 跳向界面 2 的水分子数大于界面 2 跳向界面 1 的水分子数，两扩散面产生由界面 1 向界面 2 的水分子净传输，净传输的水分子数为

$$N_{1\to 2}-N_{2\to 1}=(n_1-n_2)P\Gamma\Delta t \quad (2.34)$$

扩散通量的定义为单位时间内通过垂直于扩散方向的单位截面积的物质量。将此概念放到微观下，即单位时间内两扩散界面之间的净传输水分子

数,得到扩散通量的微观表达式为

$$J = (n_1 - n_2)P\Gamma \quad (2.35)$$

将面密度转换为体积浓度,设原子在界面 1 和界面 2 的体积浓度分别为 $C_1$ 和 $C_2$,可得

$$\begin{cases} C_1 = \dfrac{n_1}{1 \times d} = \dfrac{n_1}{d} \\ C_2 = \dfrac{n_2}{1 \times d} = C_1 + \dfrac{\partial C}{\partial x} d \end{cases} \quad (2.36)$$

其中,$C_2$ 相当于以界面 1 的浓度 $C_1$ 作为标准,如果改变单位距离引起的浓度变化为 $\partial C / \partial x$,那么改变 $d$ 距离的浓度变化则为 $(\partial C / \partial x)d$。将式(2.36)变换形式可以得到式(2.37):

$$n_1 - n_2 = -\dfrac{\partial C}{\partial x} d^2 \quad (2.37)$$

将式(2.37)代入式(2.35)的扩散通量表达式中,可得式(2.38):

$$J = -\dfrac{\partial C}{\partial x} d^2 P\Gamma \quad (2.38)$$

对比式(2.1)扩散第一方程的宏观形式,可建立扩散系数与微观物理量的关系,即

$$D = d^2 P\Gamma \quad (2.39)$$

在式(2.39)中,$d$ 和 $P$ 取决于晶体类型与晶体结构,而 $\Gamma$ 除了与晶体结构有关,还与温度有着极大的关联。式(2.39)建立了宏观概念扩散系数与微观概念原子跳动频率、跳动概率以及晶体几何参数等之间的关系。事实上,并非所有晶体结构均为立方体,因此将式(2.39)一般化,对于不同的晶体结构,扩散系数可以写为

$$D = \delta a^2 \Gamma \quad (2.40)$$

式中:$\delta$——晶体结构有关的几何因子,无量纲;

$a$——晶格常数,m。

将式(2.31)代入式(2.39)中可得

$$\sqrt{R_n{}^2} = \frac{r}{d\sqrt{P}}\sqrt{Dt} = K\sqrt{Dt} \qquad (2.41)$$

式中：$r$——原子跳动距离，m；

$d$——扩散域中的两个相邻界面之间的距离，m；

$K$——材料内部结构的因子，无量纲，$K = r/(d\sqrt{P})$。

扩散理论的核心之一就是扩散系数，式(2.41)建立了扩散系数与扩散的宏观量和微观量之间的联系。结果表明，微观理论导出的扩散距离与时间的关系与宏观理论完全一致，即扩散具有抛物线规律。

### 2.2.2 扩散系数的求解

从前面的 2.1.2 节以及 2.2.1 节中有关扩散定律以及其微观机理的分析中不难发现，扩散定律有一个非常重要的核心参数，就是扩散系数，当一个扩散体系的扩散系数确定后，该体系中被扩散物质的整个扩散过程就都可以求解了，可见扩散系数的求解是求解扩散过程的重要步骤。本节根据扩散体系所选尺度的不同，提出了两种分别适用于沥青路面以及沥青胶结料的扩散系数求解方法，分别见 2.2.2.1 节以及 2.2.2.2 节。

#### 2.2.2.1 半无限扩散偶的宏观求法

在图 2.2 所示的水分向沥青路面的扩散中，由于沥青路面相比大气环境在几何尺寸上相差太远，因此在求解时可将无限长扩散偶简化为半无限长扩散偶，即仅存在沥青路面一端的扩散偶，如图 2.8 所示。

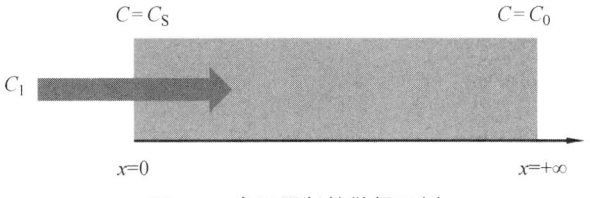

图 2.8 半无限长扩散偶示例

根据图 2.8 可得半无限长扩散偶求解的初始条件与边界条件为

初始条件：$t=0$，$x>0$，$C=C_0$ （2.42）

边界条件：$t>0$，$x=0$，$C=C_s$；$x=+\infty$，$C=C_0$ （2.43）

将式（2.42）、式（2.43）代入式（2.8）中，按照 2.1.1 节中的方法对扩散模型进行求解，最终得到沥青路面半无限长水分扩散的解为式（2.44）。

$$C = C_0 + (C_1 - C_0)\left[1 - \mathrm{erf}\left(\frac{x}{2\sqrt{Dt}}\right)\right] \quad (2.44)$$

当沥青路面中初始水分浓度为零时，即 $C_0=0$ 时，式（2.44）可以简化为

$$C = C_s\left[1 - \mathrm{erf}\left(\frac{x}{2\sqrt{Dt}}\right)\right] \quad (2.45)$$

根据式（2.15），式（2.44）可以改写为式（2.46），即

$$\mathrm{erf}\left(\frac{x}{2\sqrt{Dt}}\right) = 1 - \frac{C - C_0}{C_1 - C_0} \quad (2.46)$$

利用最小二乘法，可以通过数据拟合得到扩散系数，但扩散系数包含在函数 $x/(2\sqrt{Dt})$ 中，需要求解超越积分。因此这里仍然采用变量代换法，令 $\beta = x/(2\sqrt{Dt})$，联立式（2.15）与式（2.46），可得

$$\int_0^\beta \exp(-\beta^2)\mathrm{d}\beta = \frac{\sqrt{\pi}}{2}\left(1 - \frac{C - C_0}{C_1 - C_0}\right) \quad (2.47)$$

之后令 $\beta = u/\sqrt{2}$，$z = \sqrt{2}\beta$，$\mathrm{d}\beta = \mathrm{d}u/\sqrt{2}$，对式（2.47）两边同时除以 $1/\sqrt{2\pi}$，变换后的式（2.47）为

$$\int_0^z \frac{1}{\sqrt{2\pi}}\exp\left(-\frac{u^2}{2}\right)\mathrm{d}u = \frac{1}{2}\left(1 - \frac{C - C_0}{C_1 - C_0}\right) \quad (2.48)$$

已知标准正态分布为

$$\int_{-\infty}^{0} \frac{1}{\sqrt{2\pi}} \exp\left(-\frac{u^2}{2}\right) du = 0.5 \qquad (2.49)$$

在式（2.48）左右两边各加 0.5，再将式（2.49）代入式（2.48）中，可得

$$\int_{-\infty}^{z} \frac{1}{\sqrt{2\pi}} \exp\left(-\frac{u^2}{2}\right) du = \frac{1}{2}\left(1 - \frac{C - C_0}{C_1 - C_0}\right) + 0.5 \qquad (2.50)$$

式（2.50）中 $C$ 值可由试验确定，因此等号右边为已知，令其等于 $m_i$ 即可对等号左边进行求解。式（2.50）等号左边为标准正态分布，即

$$P(Z \leqslant z) = \Phi(Z) = \int_{-\infty}^{z} \frac{1}{\sqrt{2\pi}} \exp\left(-\frac{u^2}{2}\right) du = m_i \qquad (2.51)$$

重写式（2.50）与式（2.51），得

$$\Phi(Z) = 1 - \frac{C - C_0}{2(C_1 - C_0)} = m_i \qquad (2.52)$$

将 $z = \sqrt{2}\beta$，$\beta = x/(2\sqrt{Dt})$ 带回上式，得

$$\frac{x_i}{2\sqrt{D_i t}} = \Phi^{-1}(m_i) \qquad (2.53)$$

将式（2.53）中的 $D_i$ 移至等号左边，其余变量移至等号右边，可得

$$D_i = \frac{x_i^2}{2t[\Phi^{-1}(m_i)]^2} \qquad (2.54)$$

根据式（2.54）可知，扩散系数 $D$ 与扩散距离、扩散时间以及在该时刻下某距离处的水分浓度有关，直观上，式（2.54）是一个四维变量。但代表水分浓度的变量 $m_i$ 是 $x_i$ 以及 $t$ 的函数，并非独立变量，因此式（2.54）所描述的 $D_i$ 实际为包含隐式的三维变量。对此可以采用控制变量法，如果控制 $x_i$ 为常数，则所求 $D_i$ 的物理含义为：在扩散距离 $x_i$ 处随时间以及水分浓度变化的扩散系数；如果控制 $t$ 为常数，则所求 $D_i$ 的物理含义为：在扩散时间 $t$ 时

刻下，被扩散物质中随距离以及浓度变化的扩散系数分布。因此，式（2.54）求解扩散系数 $D_i$ 的前提是能够获得被扩散质中水分浓度的时空分布情况。在宏观层面，可以通过在沥青路面内不同深度埋设水分传感器对其进行量化，但在微观层面很难获得沥青膜不同厚度处的水分浓度（不可能在沥青膜中对浓度进行实时监测）。因此，可以看出式（2.54）是典型的扩散系数的宏观求法。如何在微观层面求解扩散系数，即如何根据试验结果获得水分穿透沥青膜的扩散系数，将在 2.2.2.2 节中进行介绍。

#### 2.2.2.2 基于空间离散方法的微观求法

根据 2.1.2 节以及 2.2.1 节中所得出的结论，水分扩散具有典型的抛物线特征。Skeel 等[2]提出了基于空间离散方法求解偏微分方程的技术路径，他们提出并使用的方法是一种简单的分段非线性 Galerkin/Petrov-Galerkin 方法，在空间上具有二阶精度，具体推导过程较为复杂，本节不做赘述，详细内容参见文献[2]、文献[3]。上述方法被编辑于 MATLAB 偏微分方程求解工具箱中，用于求解一维抛物-椭圆型偏微分方程。本章所涉及的扩散定律（式2.5），其空间阶次为两阶，且在 2.2.1 节中被证明具有典型的抛物线特征，因此可以使用该方法对其进行求解。

在水分向沥青膜扩散的问题中，$t \geq 0$，$a < x < b$ 其初始条件与边界条件如下：

初始条件： $C(x,0) = 0$ （2.55）

边界条件： $C(a,t) = C_0$； $C(b,t) = 0$ （2.56）

式（2.55）与式（2.56）的物理含义为：在扩散开始阶段，沥青膜中水分浓度为零，在沥青膜与水分接触面上存在大小为 $C_0$ 的狄利克雷（Dirichlet）边界，远离水分的沥青膜另一端不与水分接触，水分浓度为零。由此构成了水分向沥青膜传输的一维扩散体系。将式（2.5）、式（2.55）、式（2.56）转换为一般形式为

$$c\left(x,t,C,\frac{\partial C}{\partial x}\right)\frac{\partial C}{\partial t} = x^{-m}\frac{\partial}{\partial x}\left[x^m f\left(x,t,C,\frac{\partial C}{\partial x}\right)\right] + s\left(x,t,C,\frac{\partial C}{\partial x}\right) \quad (2.57)$$

初始条件：$C(x,0) = C_0(x)$ （2.58）

边界条件：$p(x,t,C) + q(x,t)f\left(x,t,C,\frac{\partial C}{\partial x}\right) = 0$ （2.59）

式（2.57）中，$f\left(x,t,C,\frac{\partial C}{\partial x}\right)$ 为通量，$s\left(x,t,C,\frac{\partial C}{\partial x}\right)$ 为源项。

对照式（2.5）、式（2.55）、式（2.56）与式（2.57）、式（2.58）、式（2.59），可得

$$c\left(x,t,C,\frac{\partial C}{\partial x}\right) = 1;\ m = 0;\ f\left(x,t,C,\frac{\partial C}{\partial x}\right) = D\frac{\partial C}{\partial x};\ s\left(x,t,C,\frac{\partial C}{\partial x}\right) = 0 \quad (2.60)$$

$$C_0(x) = 0 \quad (2.61)$$

$$p_a(x,t,C) = C(a,t) - C_0,\ q_a(x,t) = 0 \quad (2.62)$$

$$p_b(x,t,C) = C(b,t),\ q(x,t) = 0 \quad (2.63)$$

利用 MATLAB 内部集成偏微分方程求解工具箱可以对上述问题进行求解。设求得的解为 $C(x,t)$。由于扩散系数未知，实际求得的解为包含参数 $D$ 的方程 $C(x,t,D)$。由于沥青膜尺度较小，扩散距离较小，且根据多数研究人员成果，扩散系数在细微观下可以近似于与材料相关的常数[4,5]，因此本节中求解的扩散系数也将其认为是独立参数。通常，试验室得到的材料的吸湿曲线为质量-时间曲线，可以通过将质量与体积做差的方式将质量-时间曲线转换为浓度-时间曲线，但该曲线描述的是试件的体浓度变化，而求解的 $C(x,t,D)$ 为面浓度变化，因此定义函数 $I$ 为 $C(x,t,D)$ 的积分，见式（2.64）：

$$I = \int_a^b C(x,t,D)\mathrm{d}x \quad (2.64)$$

之后将包含参数 $D$ 的函数 $I$ 与试验获得的浓度-时间曲线进行拟合，采用 MATLAB 内部集成的非线性拟合工具箱，将偏微分方程求解工具箱求解

的结果传递到非线性拟合工具箱中，实现对扩散系数 $D$ 的求解，具体操作步骤如图 2.9 所示。在 2.3 节中将对沥青胶结料吸湿试验进行介绍。

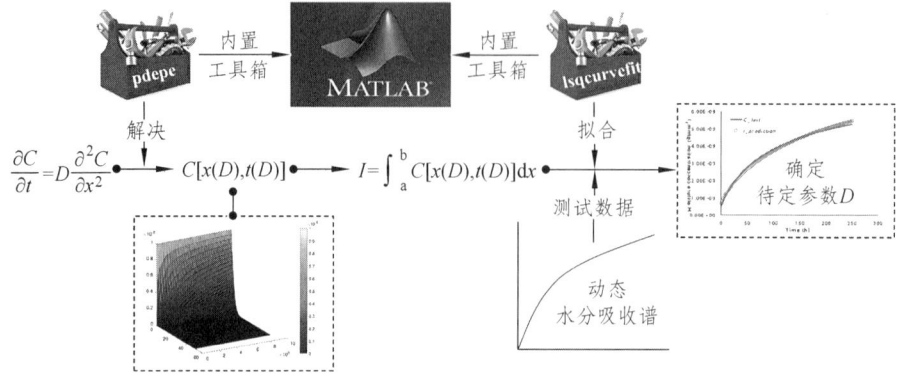

图 2.9　空间离散方法求解扩散系数的思路及步骤

## 2.3　基于沥青胶浆吸湿试验的扩散模型求解

根据 1.3.2 节中所综述的内容，除纯沥青外，其余的沥青基混合物试验一般采用重量法进行吸湿试验。基于重量法的吸水试验分为静态法与动态法两种。静态法是指扩散系统封闭与外界并无物质交换，动态法是指扩散系统开放，通过不断更换扩散质来保证扩散浓度恒定。在本节中采用动态重量法对不同老化状态下沥青胶浆的吸湿特性进行试验测量。

### 2.3.1　试件制备

根据相关研究，沥青胶浆通过将沥青与粉料加热混合的方式制备，通常沥青：矿粉=50：50（质量分数）[6,7]。利用上述获得的沥青胶浆细集料配比以及沥青含量制备沥青胶浆，将二者在 185 ℃下混合后充分搅拌，得到熔融态沥青胶浆，之后将其盛出加入硅质模具，待冷却后获得直径为 30 mm、厚度为 3 mm 的沥青胶浆试样，如图 2.10 所示。

图 2.10 沥青胶浆试件制备

其中,沥青来源有两种,分别是成品 70#基质沥青以及成品 SBS 改性沥青。随后,按照《公路工程沥青及沥青混合料试验规程》(JTG E20—2011)[8]中压力老化容器加速沥青老化试验(PAV)的相关内容,对基质沥青以及 SBS 改性沥青进行老化,得到二者的老化试件。四种沥青的材料基本参数见表 2.1。

表 2.1 沥青材料参数

| 项目 | 类别 | | | |
|---|---|---|---|---|
| | 70#基质沥青 | SBS 改性沥青 | 70#基质沥青 PAV 老化 | SBS 改性沥青 PAV 老化 |
| 针入度<br>(25 ℃,0.1 mm) | 68.2 | 50.3 | 31.8 | 28.3 |
| 软化点/℃ | 52.5 | 71.0 | 60.1 | 81.9 |
| 延度/cm | 97(15 ℃) | 39.5(5 ℃) | — | — |

## 2.3.2 动态吸湿试验

本节中采用动态法进行材料的吸湿试验,采用高低温湿热试验箱进行试验,同时搭配精度为 0.000 1 g 的高精度天平,用于测量沥青胶浆试件吸湿过程中的质量变化。采用三种不同的水分条件对试件进行处理,见表 2.2。

表 2.2  水分处理环境指标

| 环境指标 | | 相对水分/% | 温度/°C | 数据来源 |
| --- | --- | --- | --- | --- |
| 代表城市 | 呼和浩特 | 50 | 10 | 内蒙古统计年鉴 2020[9] |
| | 上海 | 75 | 20 | 上海统计年鉴 2020[10] |
| | 极端情况 | 100 | 60 | — |

以上海地区环境指标为代表值，具体试验过程如图 2.11 所示。

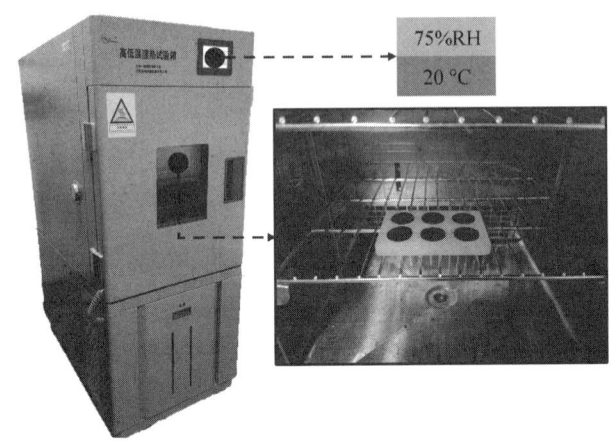

图 2.11  动态吸湿试验

每隔 12 h 取出试件，在密闭环境中称量质量，得到其与原始状态的质量变化。共计进行 250 h 试验，获得的吸湿曲线如图 2.12（a）所示。

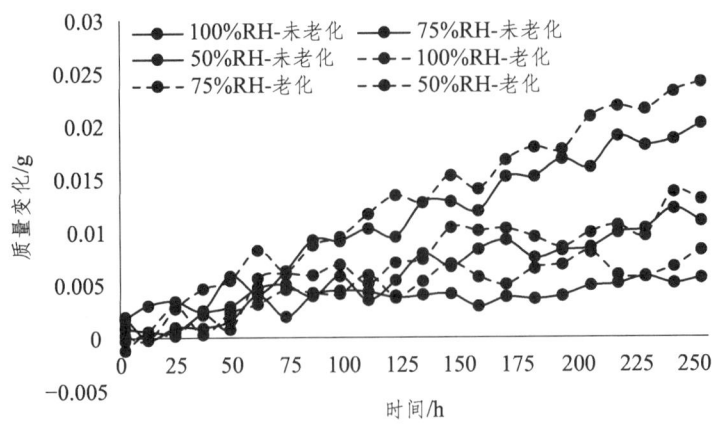

（a）质量变化随时间的初始数据

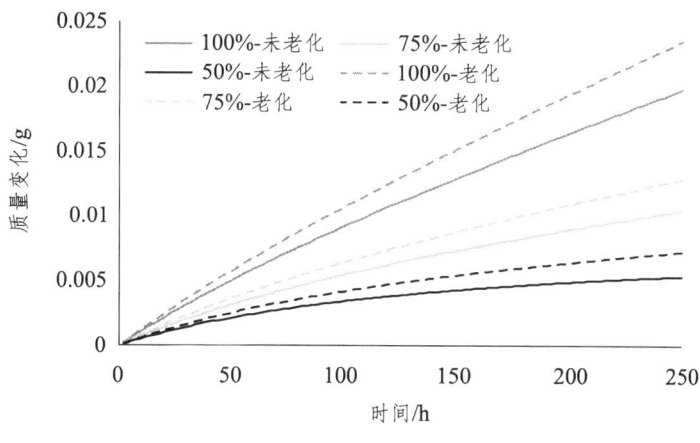

(b) 平滑扩充后质量变化随时间数据

图 2.12 试件吸湿试验结果

为了增加后续扩散系数求解的精度,对图 2.12（a）曲线进行平滑处理,并使用二次插值的方法对数据集进行扩充,得到用于后续拟合求解的曲线,如图 2.12（b）所示。从图 2.12 不难看出,随着环境水分与温度的增加,沥青胶浆试件中的水分浓度也随之上升,在 10 ℃、50%RH 下进行试验的试件在 250 h 内的扩散试验中其曲线逐渐平缓已经接近动态平衡；而在 60 ℃、100%RH 下进行试验的试件还处于线性上升阶段。另外,由图 2.12 可知,不论哪种水分条件,老化后的试件均比未老化的试件的水分浓度高。这是由于老化后沥青部分轻质组分的挥发导致其材料本身完整性与致密性有所下降,因此水分相对容易吸附在胶浆表面以及在沥青胶浆中进行扩散。图 2.12 的曲线能够反映出不同状态沥青胶浆在不同水分条件下的吸湿特性,但由于水分扩散是一个较为复杂的过程,因此需要指标对这一特性进行描述。扩散定律中的扩散系数能够在一定程度上反映沥青胶浆的吸湿特性,而如何根据沥青胶浆吸湿试验的结果对扩散系数进行求解将在 2.3.3 节中进行介绍。

### 2.3.3 基于吸湿曲线与空间离散法的扩散模型求解

根据 2.3.1 节中所述,沥青胶浆吸湿试验的试件采用直径为 30 mm、厚度为 3 mm 的小试件,因此本节中使用 2.2.2.2 的微观求法结合非线性拟合的手段对扩散系数进行求解。在求解前首先需要对吸湿试验中的质量曲线进行转换，将其转换为浓度曲线。如图 2.10 所示，试验制作的沥青胶浆试件为盘型试件，因此其体浓度可以用式（2.65）计算获得。

$$\Delta C_b = \frac{\Delta m}{V} \tag{2.65}$$

式中：$\Delta C_b$ ——沥青胶浆中增加的体水分浓度，g/mm³；

$\Delta m$ ——由吸湿试验获得的沥青胶浆质量增加量，g；

$V$ ——沥青胶浆试件体积，mm³，在本章中，$V = 3 \times \pi \times 15^2 \approx 2119.5$ mm³。

由式（2.65）计算得到的浓度为体浓度，是三维扩散的解，本章认为沥青胶浆满足均匀性假设，因此在各方向的扩散系数相等，将三维扩散问题转化为一维扩散问题，如式（2.7）与（2.8）所示。因此在本节中也需要将式（2.65）确定的体浓度转换为线浓度。本章假设沥青胶浆满足均匀性假设，则线浓度可按式（2.66）进行计算。

$$\Delta C_l = \frac{\Delta C_b}{S} \tag{2.66}$$

式中：$\Delta C_l$ ——沥青胶浆中增加的线水分浓度，mol/mm³；

$S$ ——沥青胶浆试件截面面积，mm²，在本章中，$S = \pi \times 15^2 \approx 706.5$ mm²。

在吸湿试验模型化的过程中需要假设，在试验开始阶段（$t=0$）时，沥青胶浆试件与水分接触面上存在一个与环境水分浓度相等的边界条件。而由式（2.65）与式（2.66）计算得到的线水分浓度是从零点开始，因此需要将这一边界条件补充在浓度曲线上，以便后续对扩散模型进行求解。但在动态吸湿试验中较难直接采用水分浓度作为环境参数，通常使用相对水分作为环境指标创建水分环境。而扩散定律是以水分浓度作为变量，因此需要对相对水分与水分浓度两种指标进行换算[11]，以保证模型中变量统一。根据空气热力学，水分的质量浓度可按照式（2.67）进行计算：

$$C = \frac{P_{H_2O}}{P_{atm}} \rho_{air} M_{H_2O} \tag{2.67}$$

式中：$P_{H_2O}$ ——水分分压，kPa；

$P_{atm}$ ——大气压，kPa；

$\rho_{air}$——空气摩尔密度，g/mol；

$M_{H_2O}$——水的分子质量，g/mol。

考虑到相对水分，水分分压可以按式（2.68）进行计算：

$$P_{H_2O} = RH(P_{Sat}) \tag{2.68}$$

当温度为 20 °C 时，饱和水分压力为 $P_{Sat} = 3.168\ kPa$。因此，当相对水分为 66%时，$P_{H_2O} = 2.091\ kPa$，大气压 $P_{atm} = 101.325\ kPa$，水的分子质量为 $M_{H_2O} = 18.015\ g/mol$。

空气的密度可以按式（2.69）进行计算：

$$\rho_{air} = \frac{P_{atm}}{RT^K} \tag{2.69}$$

式中：$R$——通用气体常数，$J/(mol \cdot K)$，一般取值为 $8.314\ J/(mol \cdot K)$；

$T^K$——Kelvin 温度，K。

将式（2.69）与式（2.68）代入式（2.67）中可以求得在某温度和相对水分下的水分浓度。经过计算，在 60 °C、100%RH 的环境下，水分浓度为 $C_{01} = 129.54 \times 10^{-9}\ g/mm^3$；在 20 °C、75%RH 的环境下，水分浓度为 $C_{02} = 12.95 \times 10^{-9}\ g/mm^3$；在 10 °C、50%RH 的环境下，水分浓度为 $C_{03} = 4.70 \times 10^{-9}\ g/mm^3$。

将上述边界条件补充到线浓度曲线中，进行求解。补充边界条件后吸湿曲线如图 2.13 所示。

在实际拟合求解中发现，直接将 $C_{01}$、$C_{02}$ 以及 $C_{03}$ 补充到图 2.13 中的拟合效果并不好，拟合值均比实际值偏大。一方面，可能由于环境箱本身存在误差；另一方面，实际作用在沥青胶浆试件表面的水分浓度略小于理论计算得到的环境水分浓度。因此，在拟合分析时，将边界条件 $C_0$、扩散系数 $D$ 同时作为待定系数进行双向求解，其中 $0 \leq C_0 \leq 2 \times 10^{-8}$，将校正后的 $C_{01}$、$C_{02}$ 以及 $C_{03}$ 补充到图 2.13 中，完成求解扩散系数的数据构建。

利用 2.2.2.2 节中所介绍的方法求解不同老化状态以及环境特征值下的扩散系数，结果如图 2.14 所示。

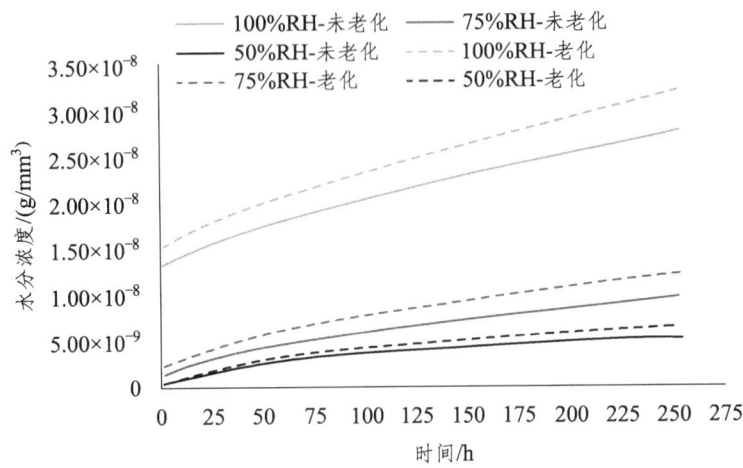

图 2.13 用于扩散模型求解的线浓度曲线

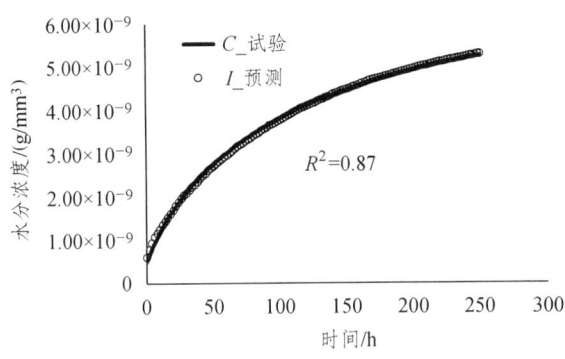

（a）10 ℃、50%RH 下的非老化试件

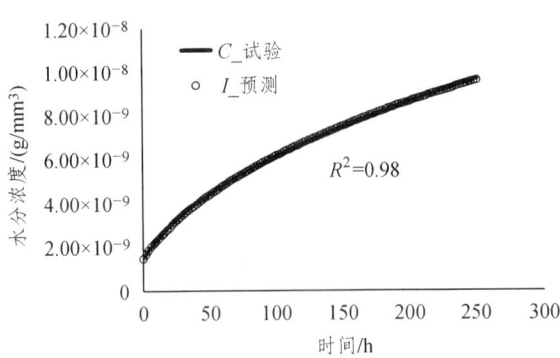

（b）20 ℃、75%RH 下的非老化试件

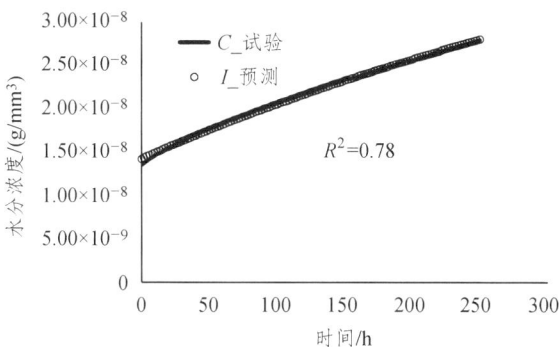

（c）60 ℃、100%RH 下的老化试件

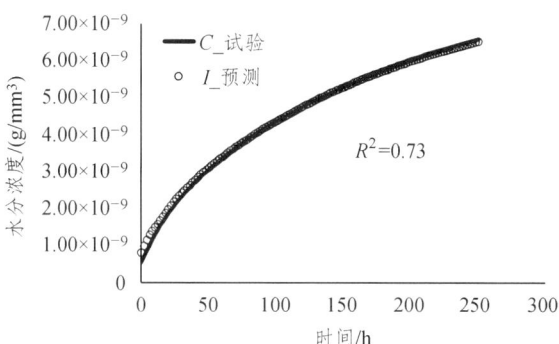

（d）10 ℃、50%RH 下的老化试件

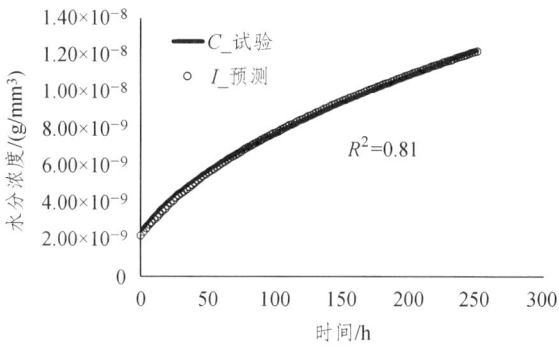

（e）20 ℃、75%RH 下的老化试件

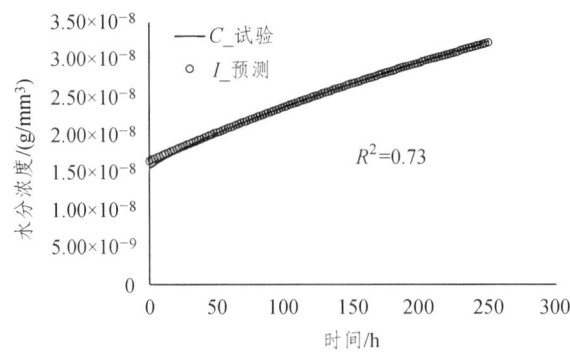

(f) 60 ℃、100%RH 下的非老化试样

图 2.14 非线性优化拟合扩散系数

利用图 2.14 中结果求得的扩散系数如图 2.15 所示。

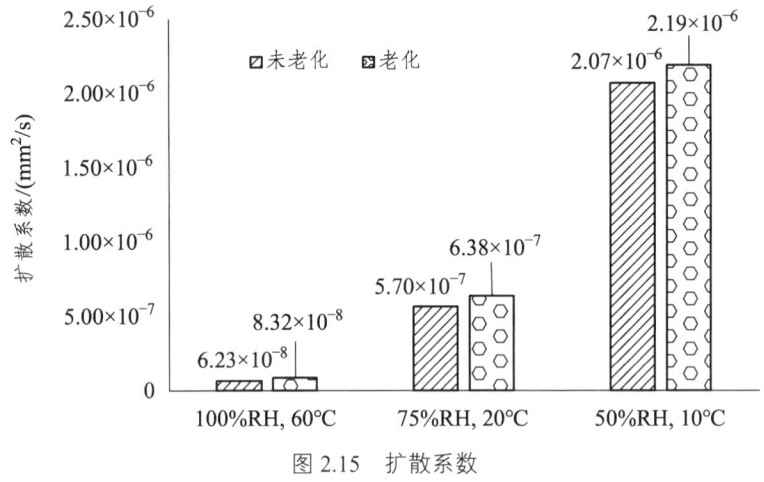

图 2.15 扩散系数

图 2.15 显示未老化沥青胶浆试件的扩散系数的变化数量级为 $1 \times 10^{-8} \sim 1 \times 10^{-6}$，与 1.3.1 节中统计的相关文献中的扩散系数变化范围相一致，说明求解具有一定的可信度。老化后沥青胶浆试件的扩散系数相比未老化试件，在三种不同的温湿环境中均有不同程度增加，这同样说明老化后试件相比未老化试件可更快地吸收水分，并更早到达饱和吸湿状态。另外，图 2.15 显示，随着环境中水分浓度的提升，扩散系数呈现下降趋势，根据 2.1 节中介绍的扩散定律以及动态吸湿试验，环境箱水分不会随扩散而发生变化，因此扩散的最

终状态是沥青胶浆试件内的水分浓度与环境箱中水分浓度相等。鉴于三种不同温湿环境下的沥青胶浆试件材料不变，且处于100%RH环境中的试件到达饱和状态所吸收的水分量要显著高于在75%RH及50%RH环境中的试件，故其达到饱和水分状态所需的时间也更长，相应的扩散系数也相对较小。

经过对吸湿试验结果的处理、基于空间离散方法的偏微分方程求解以及非线性拟合，本节得到了不同老化状态下沥青胶浆的扩散系数。Fickian扩散模型是典型的隐式方程，作为上述方法起点的吸湿试验是十分耗时的，因此尝试使用有限元法对这一模型进行近似求解，这样一方面可节约时间与材料，另一方面也可以得到水分向沥青胶浆试件内扩散的可视化结果。

## 2.4 本章小结

本章以长期水分作用下环境中水分向沥青路面的扩散过程为切入点，基于扩散定律，分别对宏观与微观扩散过程进行了建模分析，同时，利用扩散系数建立宏观和微观之间的联系。为了构建符合我国南北方气候特征的扩散模型，进行了沥青胶浆的吸湿试验，得出了不同相对水分环境下沥青胶浆的吸湿曲线。最终，利用这些试验所获得的吸湿曲线，结合本章提出的耦合空间离散化与非线性优化求解方法，求解出了针对我国南北方水分特征的水分穿透沥青胶浆的扩散模型。得到的结论如下：

（1）通过宏观、微观结合的手段对水分向沥青路面的扩散过程进行建模分析，结果发现，两种不同尺度的方法具有较好的一致性，表明水分的扩散过程具有典型的抛物线特征。

（2）不同相对水分环境中的沥青胶浆吸湿试验结果显示，老化后试件中的水分浓度高于未老化试件，由于老化后沥青部分轻质组分的挥发导致其材料本身完整性与致密性有所下降，极性成分含量比例上升，因此水分相对容易吸附在胶浆表面并在沥青胶浆中进行扩散。

（3）扩散系数是反映扩散过程的重要参数，根据扩散模型的宏观求法，在宏观层面，可以通过在沥青路面内不同深度埋设水分传感器对扩散模型进行求解与验证，但在微观层面则很难获得沥青膜不同厚度处的水分浓度（无法在沥青膜中对浓度进行实时监测）。因此，本章提出了耦合空间离散与非线性优化的扩散系数求解方式，利用不同相对水分下沥青胶浆的吸湿曲线对扩散模型进行了求解，结果显示扩散模型 $R^2$ 均在 0.73 以上。故利用该方法求解扩散系数具有一定的可信度。

（4）扩散系数计算结果显示，未老化沥青胶浆试件的扩散系数的变化数量级为 $1 \times 10^{-8} \sim 1 \times 10^{-6}$，与 1.3.1 节中统计的相关文献中的扩散系数变化范围相同，说明求解具有一定的可信度。老化后沥青胶浆试件的扩散系数相比未老化试件，在三种不同的温湿环境中均有所不同程度增加，这同样说明老化后试件相比未老化试件会更快吸收水分，并更早到达饱和吸湿状态。

（5）另外，扩散系数计算结果显示，随着环境中水分的提升，扩散系数呈现下降趋势。鉴于三种不同温湿环境中的沥青胶浆试件材料不变，且处于 100%RH 环境中的试件到达饱和状态所吸收的水分量要显著高于在 75%RH 及 50%RH 环境中的试件，故其达到饱和水分状态所需的时间也更长，相应的扩散系数也相对较小。

## 本章参考文献

［1］ COHEN B A, CORLESS J, DITTMAR H, et al. Potholes and politics: How congress can fix your roads[J]. 1997.

［2］ SKEEL R D, BERZINS M. A method for the spatial discretization of parabolic equations in one space variable[J]. SIAM Journal on Scientific and Statistical Computing, 1990, 11(1): 1-32.

［3］ SKEEL R. Improving routines for parabolic equations in one space dimension[J]. Numerical Analysis Report, 1981, 63.

［4］ CARO S, MASAD E, BHASIN A, et al. Moisture susceptibility of asphalt mixtures, Part 1: mechanisms[J]. International Journal of Pavement Engineering, 2008, 9(2): 81-98.

［5］ LUO R, HUANG T. Development of a three-dimensional diffusion model for water vapor diffusing into asphalt mixtures[J]. Construction and Building Materials, 2018, 179: 526-536.

［6］ APEAGYEI A K, GRENFELL J R A, AIREY G D. Evaluation of moisture sorption and diffusion characteristics of asphalt mastics using manual and automated gravimetric sorption techniques[J]. Journal of Materials in Civil Engineering, 2014, 26(8): 04014045.

［7］ APEAGYEI A K, GRENFELL J R, AIREY G D. Application of Fickian and non-Fickian diffusion models to study moisture diffusion in asphalt mastics[J]. Materials and Structures, 2015, 48(5): 1461-1474.

［8］ 交通运输部. 公路工程沥青及沥青混合料试验规程: JTG E20—2011[S]. 北京：人民交通出版社, 2011.

［9］ 内蒙古自治区统计局. 2020 内蒙古统计年鉴 [M]. 北京: 中国统计出版社, 2020.

[10] 上海市统计局、国家统计局上海调查总队. 2020 上海统计年鉴[M]. 上海市统计局, 2020.

[11] ARAMBULA E, GARBOCZI E J, MASAD E, et al. Numerical analysis of moisture vapor diffusion in asphalt mixtures using digital images[J]. Materials & Structures, 2010, 43(7): 897-911.

# 3 基于有限元法的水分扩散过程表征

本书第 2 章得到了用于描述不同环境中水分穿透沥青胶浆的扩散模型，但该模型数学形式为二阶偏微分方程（隐式方程），无法直接使用，因此本章利用有限元法（Finite Element Method，FEM）对扩散模型进行了近似求解与验证，并利用有限元模拟水分在沥青混凝土中的扩散过程，最终得到沥青混凝土中水分浓度与分布随扩散时间变化的量化结果。有限元法是求解物理和工程问题的数值方法，该方法对于传统解析解较难求解的复杂几何、载荷和材料特性等问题十分有效[1]。沥青混凝土中的水分扩散是典型的物理问题，由于扩散过程耗时较长，且无法通过试验获得沥青混凝土内部的水分分布，因此有限元法是进行水分在沥青混凝土中的扩散过程表征的有效方法。

本章从有限元法的原理出发，在有限元框架内对沥青胶浆的水分扩散模型的作用过程进行了介绍，随后分别对不同相对水分下沥青胶浆的吸湿试验以及沥青混凝土的吸湿过程进行了模拟。具体结构如下：3.1 节介绍有限元法的基本原理；3.2 节介绍水分扩散模型的有限元解法；3.3 节利用有限元软件模拟沥青胶浆的吸湿试验，验证有限元解法；3.4 利用有限元模拟对水分在沥青混凝土中的扩散过程进行了表征，本章研究思路如图 3.1 所示。

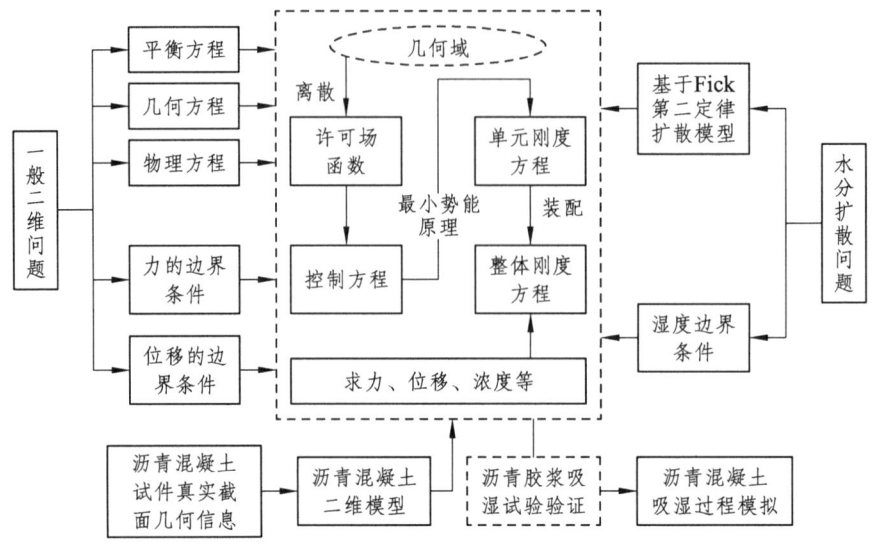

图 3.1　第 3 章研究思路

## 3.1 有限元法基本原理

有限元法就是将复杂结构划分为有限个单元，单元之间通过节点相连接，将原始结构中的复杂求解问题简化为有限个简单求解过程再组合的数值方法。有限元法按求解物理量的种类，可以简单分为力法（求解量为内力）与位移法（求解量为位移）。一般以位移作为求解进行的矩阵运算相对简单，在实际应用中使用较多。本节介绍有限元法的基本原理，是根据弹性力学经典理论模型的跟踪性（拓展性）推导。

一般性实际问题的求解离不开力学的三大体系方程，即平衡微分方程、物理方程与几何方程。以弹性力学框架为例，这三类方程分别为式（3.1）、式（3.2）以及式（3.3）：

$$\sigma_{ij,j} + \overline{b_i} = 0 \tag{3.1}$$

$$\varepsilon_{ij} = \frac{1}{2}(u_{i,j} + u_{j,i}) \tag{3.2}$$

## 3 基于有限元法的水分扩散过程表征

$$\varepsilon_{ij} = \frac{1+\mu}{E}\sigma_{ij} - \frac{\mu}{E}\delta_{ij}\sigma \quad (3.3)$$

式中：$\sigma_{ij}$——应力张量，Pa；

$\sigma$——应力分量，$\sigma = \sigma_{11} + \sigma_{22} + \sigma_{33} = \sigma_x + \sigma_y + \sigma_z$，Pa；

$\overline{b_i}$——体力张量，N/m³；

$u$——位移张量，m；

$\varepsilon_{ij}$——应变张量；

$\varepsilon$——应变分量；

$i$、$j$——张量自由指标，表示方向；

$\delta_{ij}$——Kronecker 符号。

在实际问题的求解中，还需要位移、荷载两类边界条件（Boundary Condition，BC），见式（3.4）与式（3.5）：

位移边界条件 $BC(u)$： $\quad u_i = \overline{u_i} \quad (3.4)$

荷载边界条件 $BC(P)$： $\quad \sigma_{ij}n_j = P_i \quad (3.5)$

式中：$u$——位移，m；

$P$——荷载，N。

一般的求解方式分为两类，见表3.1。

表 3.1 FEM 的求解方法

| 直接针对原始方程进行求解 | 间接对原始方程求解 |
| --- | --- |
| 解析法 | 加权残值法 |
| 半解析法 | 虚功原理 |
| 差分法 | 最小势能原理 |
|  | 变分法 |

间接法有两个要点：① 设置满足边界条件的试函数（一般为包含待定系数的解函数）；② 将试函数代入控制方程后，通过控制误差的方式求出试函数中的待定系数。直接设置能够满足所有边界条件的试函数是十分困难的，因此需要先定义一个基底函数 $\psi_i(x)$，将其组合为新函数，并以此作为试函数。

以一维线性问题为例,见式(3.6):

$$\hat{v}(x) = L_1\psi_1(x) + L_2\psi_2(x) + L_3\psi_3(x) + \cdots + L_n\psi_n(x) \quad (3.6)$$

式中:$\hat{v}(x)$——满足边界条件的试函数;

$L_1, L_2, L_3, \cdots, L_n$——待定系数。

代入后的残值方程为定义域内的一个分布函数,其值可能存在正负差别,因此需要定义一个误差指标来进行统一处理。根据定义指标不同演化出了不同的方法,其中 Galerkin 法与最小二乘法使用频率最高。Galerkin 法为将试函数中的基底函数作为权函数,具体见式(3.7):

$$\int_\Omega \omega_{t_i} R(x,y,z) \mathrm{d}\Omega = 0, \quad \omega_i = \psi_i(x) \quad (3.7)$$

式(3.7)中,$R$ 为残值函数。以一维问题为例,残值函数见式(3.8):

$$R(x) = Z[\hat{v}(x)] + \bar{b} \neq 0 \quad (3.8)$$

将式(3.6)代入式(3.8),再代入式(3.7),可得方程组式(3.9):

$$\left. \begin{aligned} \int_\Omega \omega_{t_1} R(L_1, L_2, L_3, \cdots, L_n; \psi_1, \psi_2, \psi_3, \cdots, \psi_n) \mathrm{d}\Omega = 0 \\ \int_\Omega \omega_{t_2} R(L_1, L_2, L_3, \cdots, L_n; \psi_1, \psi_2, \psi_3, \cdots, \psi_n) \mathrm{d}\Omega = 0 \\ \int_\Omega \omega_{t_3} R(L_1, L_2, L_3, \cdots, L_n; \psi_1, \psi_2, \psi_3, \cdots, \psi_n) \mathrm{d}\Omega = 0 \end{aligned} \right\} \quad (3.9)$$

求解上述方程组,获得待定系数 $L_1, L_2, L_3, \cdots, L_n$ 的值,最终求得试函数 $\hat{v}(x)$。而残值最小二乘法提出了一个误差指标,使得域内残值的平和积分最小,见式(3.10):

$$\min\Big|_{L_1, L_2, \cdots, L_n} \left\{ E_{rr} = \int_\Omega \omega_t R^2(x,y,z) \mathrm{d}\Omega \right\} \quad (3.10)$$

同样考虑一维线性问题,将式(3.6)与式(3.9)代入式(3.10),可得式(3.11)。

$$E_{rr} = \min\Big|_{L_1, L_2, \cdots, L_n} \left\{ \int_\Omega \omega_t R^2(L_1, L_2, \cdots, L_n; \psi_1, \psi_2, \psi_3, \cdots, \psi_n) \mathrm{d}\Omega \right\} \quad (3.11)$$

式（3.11）中，$\omega_t$ 一般取 1，$E_{rr}$ 取极值，即其一阶偏导为 0，可得方程组式（3.12）。

$$\left.\begin{array}{l}\dfrac{\partial E_{rr}}{\partial L_1}=0\\[4pt]\dfrac{\partial E_{rr}}{\partial L_2}=0\\[2pt]\vdots\\[2pt]\dfrac{\partial E_{rr}}{\partial L_n}=0\end{array}\right\} \qquad (3.12)$$

求解上述方程组，获得待定系数 $L_1, L_2, L_3, \cdots, L_n$ 的值，最终求得试函数 $\hat{\upsilon}(x)$。

上述方法是计算一个全域（几何域）的积分，其物理含义为整个区域的误差。求解过程中通过求取积分问题的最小值，使其误差最小，将原方程的求解转化为线性方程组求解，整个方法经过多年的验证与使用，处理流程较为规范。但是，运用上述方法时会面临一些挑战：预先定义的试函数必须同时满足力的边界条件与位移边界条件。此外，积分中试函数的最高阶导数阶次较高，在处理常见问题（如纯弯梁）时，试函数导数可以达到四阶，这对函数连续性提出了严格要求。为了能够有效应对上述难题，最小势能原理应运而生。

虚功原理的定义为：设有满足位移边界条件 $BC(u)$ 的许可位移场 $\hat{u}_i$，其中真实位移场总能使物体总势能取最小值，表达式如式（3.13）所示。

$$\min\big|_{\hat{u}_i \in BC(u)}[\Pi(\hat{u}_i) = U - W] \qquad (3.13)$$

式中：$U$ ——虚应变能，J；

$W$ ——外力虚功，J。

$$U = \frac{1}{2}\int_{\Omega}\sigma_{ij}\varepsilon_{ij}\mathrm{d}\Omega \qquad (3.14)$$

$$W = \int_{\Omega}\overline{b}_i\hat{u}_i\mathrm{d}\Omega + \int_{sp}\overline{p}_i\delta u_i\mathrm{d}A \qquad (3.15)$$

式（3.15）中，第一积分项为体力做功，第二积分项为分布力在边界上做功。相比加权残值法，使用最小势能原理对变形体问题进行求解时，仅要求试函数满足位移边界条件即可，另外其导数阶次也仅为 2 阶，因此达到了对问题简化的目的。

有限元法的本质是将几何域进行离散，在分段的几何域上构建试函数，并利用最小势能原理进行求解。下面以一维问题与二维问题为例进行经典试函数法与有限元法的比较。经典方法是基于全域构造试函数，如图 3.2 所示。在全域内存在一条一维曲线 $\Omega$，通过在 $\Omega$ 域内构建函数对其进行逼近，一般采用傅里叶级数展开式为基底函数 $\psi_i(x)$，见式（3.16）：

$$\Omega : \{\hat{u} = L_1 \sin \pi x + L_2 \sin 2\pi x + \cdots\} \quad (3.16)$$

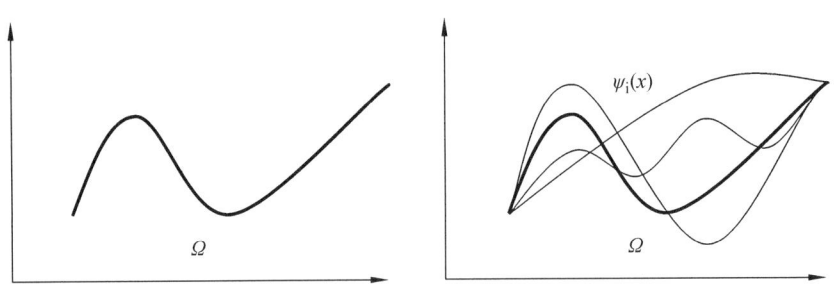

图 3.2　基于全域的试函数构建方法

使用图 3.2 所示方法构建的基底函数较为复杂，其逼近效果整体与目标的适应性较差，但构造的试函数连续性较好。而有限元法是将全域进行分割，在离散的片段上构建试函数，如图 3.3 所示。

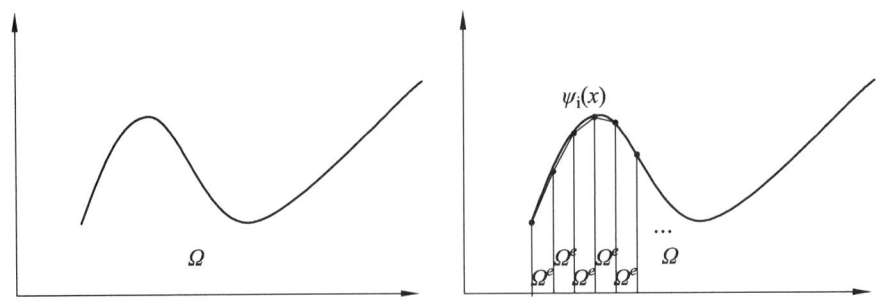

图 3.3　基于分段拼接的试函数构建方法

有限元法采用分段拼接的方法对 $\Omega$ 域内问题构造试函数进行逼近,一般采用分段线性函数作为基底函数 $\psi_i(x)$,设在片段域 $\Omega^e$ 内,试函数按照式(3.17)构造。

$$\Omega^e : \hat{u}^e = a^e + b^e x, \ e = 1, 2, 3, \cdots \quad (3.17)$$

使用有限元法构造的试函数较为简单,且可以进行标准化、规范化流程作业,利于计算机辅助计算。其逼近效果较好,但函数连续性相对较差。

对于二维问题,传统方法仅能对规则图形进行试函数构造,对复杂图形无法构造,如图 3.4 所示。

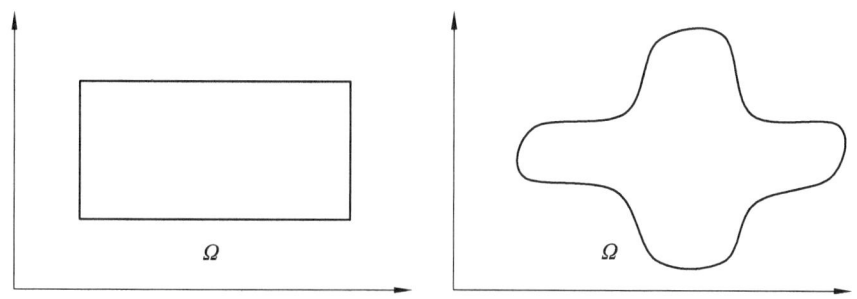

图 3.4 二维平面问题的全域试函数构建方法

针对规则二维几何图形的全域逼近的试函数见式(3.18):

$$\Omega : \{\hat{u}(x, y) = L_1 \sin\pi x \sin\pi y + L_2 \sin 2\pi x \sin 2\pi y + \cdots\} \quad (3.18)$$

与一维情况类似,其逼近效果整体与目标的适应性较差,但构造的试函数连续性较好。而有限元法既可以对规则图形进行求解也同样适用于复杂几何体,如图 3.5 所示。

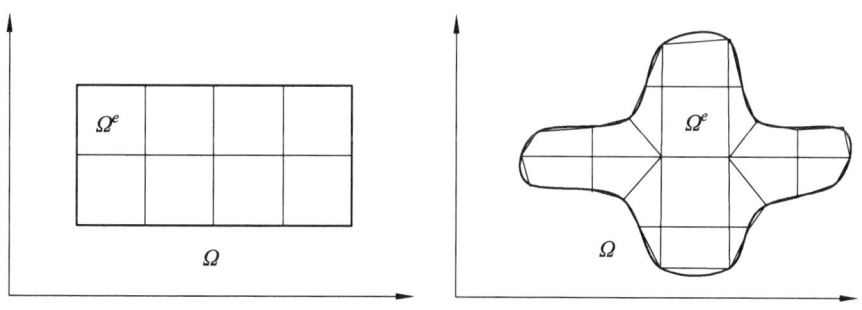

图 3.5 二维平面问题的分段拼接试函数构建方法

有限元法的试函数构造见式（3.19）：

$$\Omega^e : \hat{u}^e = a^e + b^e x + c^e y + d^e xy, \ e = 1,2,3,\cdots \quad (3.19)$$

因此，可以看出有限元法在求解复杂问题时的有效性。一般有限元分析求解步骤如图 3.6 所示。

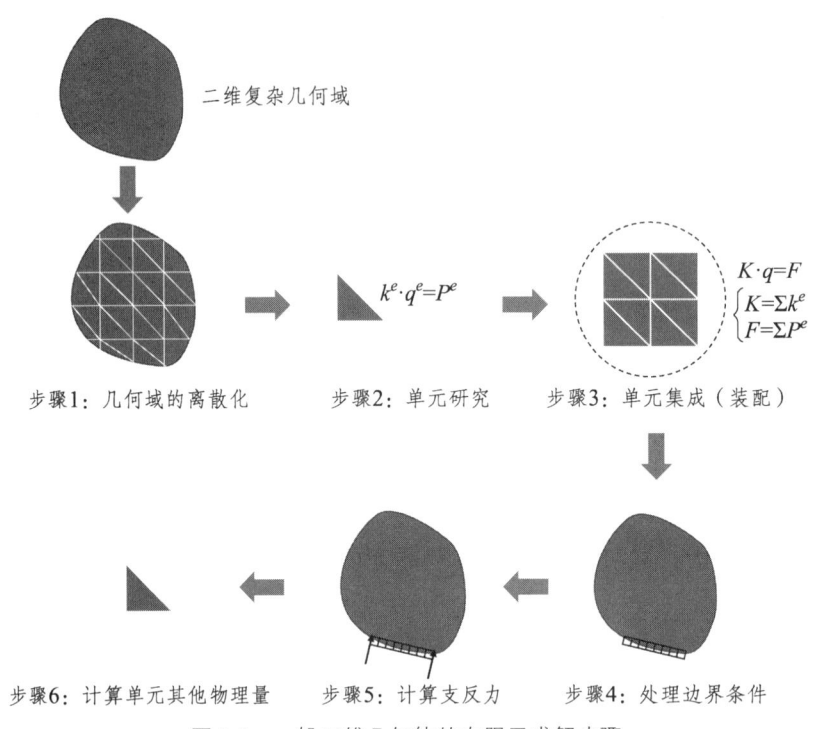

图 3.6　一般二维几何体的有限元求解步骤

## 3.2　水分扩散问题的有限元近似解

从 3.1 节中可以看出，有限元是解决力学问题的有效手段之一。随着有限元法的逐渐深入，研究人员也开发出将其应用于物质扩散问题的求解方法。不同于力学问题的三大方程（平衡、物理、几何），扩散问题仅有两个方程，即物质扩散定律与物质质量守恒定律。根据 2.1 节中所述，一维扩散问题可用 Fick 第二定律描述，具体见式（2.8）。

在获得水分扩散控制方程后,还需对边界条件与初始条件(Initial Condition, IC)进行划分。为了在保证计算精度的情况下降低计算量,通常选取沥青路面的一部分沥青混凝土作为细观模型,如图3.7所示。

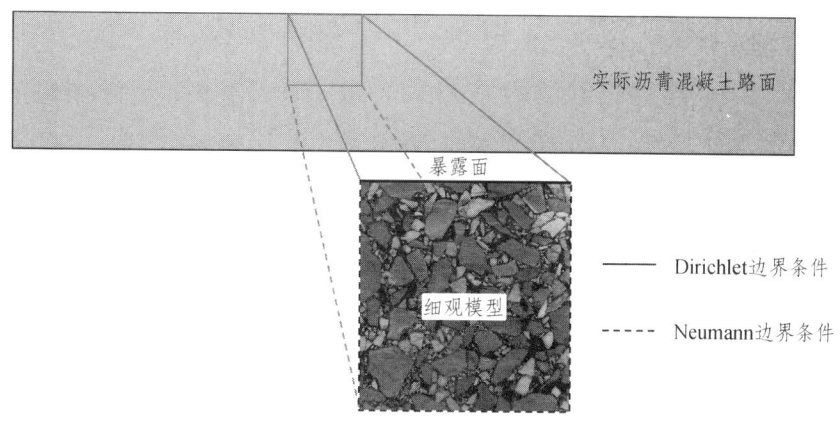

图 3.7 水分扩散边界条件

第一类边界条件,也称 Dirichlet 边界条件,通常存在于与外界直接接触的边界上,在建模时直接在该边界上定义分布场,即

$$C(x,y,z,t) = \overline{C}(t) \tag{3.20}$$

第二类边界条件,也称 Neumann 边界条件,通常存在于材料内部,建模时在边界上定义浓度梯度,即

$$D\left(\frac{\partial C}{\partial x}n_x + \frac{\partial C}{\partial y}n_y + \frac{\partial C}{\partial z}n_z\right) = q(t) \tag{3.21}$$

式中:$n_x$、$n_y$、$n_z$——边界外法线方向余弦,无量纲;

$q(t)$——边界上浓度梯度,无量纲。

通常水分扩散问题的初始条件为

$$C(x,y,z,t=0) = \overline{C}(x,y,z) \tag{3.22}$$

将控制方程、边界条件与初始条件代入最小势能原理框架中,可以得到一般水分扩散问题的变分式,即

$$\min\Big|_{C \in \left\{\begin{array}{c}BC(1,2)\\IC\end{array}\right\}} I = \frac{1}{2}\int_{\Omega}\left[D_d \nabla^2 C - \frac{\partial C}{\partial t}\right]d\Omega \tag{3.23}$$

在实际问题处理中第二类边界条件事先较难满足，因此将该条件耦合进泛函式（3.23）中，即

$$\min\Big|_{C\in\{{BC(1)\atop IC}\}} I = \frac{1}{2}\int_{\Omega}\left[D_d\nabla^2 C - \frac{\partial C}{\partial t}\right]d\Omega - \int_{S_2}q(t)TdA \quad (3.24)$$

在获得水分扩散的求解泛函方程之后，需要针对实际问题进行有限元求解，并考虑两类扩散问题（稳态扩散与非稳态扩散）。稳态扩散是指扩散量不随时间变化的水分扩散形式，即 $\partial C/\partial t = 0$。

按照图 3.6 所示的有限元求解过程，首先将几何域进行离散，如式（3.25）所示。

$$\Omega = \sum \Omega^e \quad (3.25)$$

随后，进行单元分析，单元水分浓度场函数为

$$C^e(x,y,z) = N(x,y,z)q_C^e \quad (3.26)$$

式中：$N$——形函数矩阵，无量纲；

$q_C^e$——节点水分浓度列阵，$q_C^e = [C_1, C_2, \cdots, C_n]^T$，mol/m³。

之后在单元上对式（3.24）求极值，可得式（3.27）。

$$\frac{\partial I}{\partial q_C^e} = 0 \Rightarrow K_C^e \cdot q_C^e = P_C^e \quad (3.27)$$

式中：$K_C^e$——单元水分扩散矩阵，m²/s；

$P_C^e$——单元等效浓度荷载矩阵，mol/m³。

$$K_C^e = \int_{\Omega^e} D_x\left(\frac{\partial N}{\partial x}\right)^T\frac{\partial N}{\partial x} + D_y\left(\frac{\partial N}{\partial y}\right)^T\frac{\partial N}{\partial y} + D_z\left(\frac{\partial N}{\partial z}\right)^T\frac{\partial N}{\partial z}d\Omega^e \quad (3.28)$$

$$P_C^e = \overline{C} + \int_{S_2}qN^TdA \quad (3.29)$$

非稳态扩散，也可以称为瞬态扩散，其水分扩散的量随扩散时间的改变而变化，即 $\partial C/\partial t \neq 0$，其单元水分浓度场函数为

$$C^e(x,y,z,t) = N(x,y,z)q_C^e(t) \quad (3.30)$$

式中：$q_C^e(t)$——节点水分浓度列阵，其值是关于扩散时间 $t$ 的函数，$q_C^e = [C_1(t), C_2(t), \cdots, C_n(t)]^T$。

在单元上对式（3.24）求极值，可得

$$\frac{\partial I}{\partial q_C^e} = 0 \Rightarrow B_C^e \dot{q}_C^e + K_C^e \cdot q_C^e = P_C^e \quad (3.31)$$

式中：$B_C^e$——水分浓度场差值矩阵，无量纲；

$\dot{q}_C^e$——节点水分浓度列阵的时间导数，无量纲；

其余式中各变量同前。

$$B_C^e = \int_{\Omega^e} N^T N \mathrm{d}\Omega \quad (3.32)$$

$$\dot{q}_C^e = \frac{\mathrm{d}}{\mathrm{d}t} q_C^e = \left[ \frac{\mathrm{d}C_1(t)}{\mathrm{d}t}, \frac{\mathrm{d}C_2(t)}{\mathrm{d}t}, \cdots, \frac{\mathrm{d}C_n(t)}{\mathrm{d}t} \right]^T \quad (3.33)$$

瞬态扩散问题可以转化为一组以时间 $t$ 为独立变量的线性常微分方程组进行求解，所构造的有限元分析相对较为简单。

对时间域按式（3.34）进行离散，将水分的量关于时间的偏导数近似为差分。

$$\dot{C} = \frac{\partial C}{\partial t} \approx \frac{\Delta C}{\Delta t} \quad (3.34)$$

当式（3.34）中的 $\Delta t$ 取值足够小，那么近似关系的误差就是可以接受的。$\Delta t$ 在取值时，首先需要对时间轴上的差分格式进行梳理。

如图 3.8 所示，设在时域内存在一组等间隔的时间点，已知 $C_{i-1}$ 与 $C_i$ 求 $C_{i+1}$ 共有三种形式的差分，分别为后差分，见式（3.35）；前差分，见式（3.36）；中心差分，见式（3.37）。

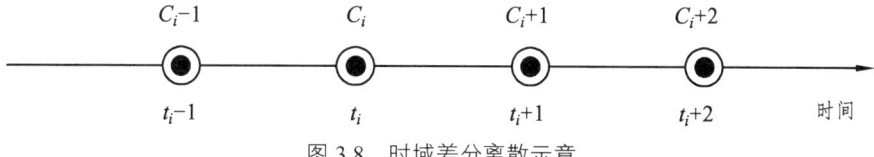

图 3.8 时域差分离散示意

$$\Delta C_i = C_i - C_{i-1} \quad (3.35)$$

$$\Delta C_i = C_{i+1} - C_i \quad (3.36)$$

$$\Delta C_i = \frac{1}{2}(C_{i+1} - C_{i-1}) \quad (3.37)$$

上述三种形式可以统一为

$$\Delta C_i = \theta(C_{i+1} - C_i) + (1-\theta)(C_i - C_{i-1}) \quad (3.38)$$

将式（3.27）与式（3.31）按照式（3.38）的形式，最终得到的矩阵方程为

$$\left[\frac{\left(\frac{\partial N}{\partial x}+\frac{\partial N}{\partial y}+\frac{\partial N}{\partial z}\right)}{\Delta t}+\tilde{\theta}\boldsymbol{K}_C\right]C_{n+1}=\left[\frac{\left(\frac{\partial N}{\partial x}+\frac{\partial N}{\partial y}+\frac{\partial N}{\partial z}\right)}{\Delta t}+(1-\theta)\boldsymbol{K}_C\right]C_n \quad (3.39)$$

式中：$\boldsymbol{K}_C$——整体水分扩散矩阵，m²/s；

$\Delta t$——时间步长，s；

$\tilde{\theta}$——常数，无量纲。

其中，$\Delta t$ 与 $\tilde{\theta}$ 决定了求解过程中的精度与稳定性。通常当 $\tilde{\theta}=1$ 时，求解总能给出没有振荡的稳定解；当 $\tilde{\theta}=0.5$ 时，求解能得到最高精度解，此时的稳定性与 $\Delta t$ 有关。

## 3.3 基于沥青胶浆吸湿试验模拟的有限元近似解验证

根据 3.1 节以及 3.2 节中所介绍的有限元求解方法，本节在前两节的基础上利用通用有限元软件 ABAQUS 对水分在沥青胶浆中的扩散进行模拟。首先构建一个与沥青胶浆吸湿试验相同尺寸的有限元模型，直径为 30 mm，厚度为 3 mm，如图 3.9 所示。

# 3 基于有限元法的水分扩散过程表征

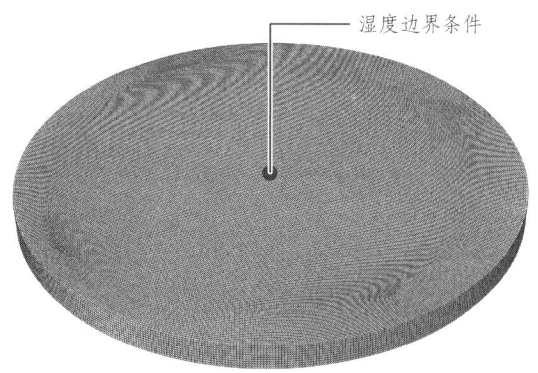

图 3.9 有限元模型

组成图 3.9 模型的单元为 4 节点二维扩散连续单元。与 2.3 节所述相同，在试件顶面施加一个水分浓度边界条件，剩余各面边界条件的输入浓度为 0（g/mm³）。设定扩散时间为 24 h，为了简化模型，将 2.3.3 节中计算得到的水分浓度边界条件简化为表 3.2 所示的模型控制参数，计算结果如图 3.10 所示。

表 3.2 有限元计算控制参数输入

| 工况 | 扩散系数/（mm²/s） | 边界条件/（g/mm³） |
| --- | --- | --- |
| 20 ℃、75%RH，未老化 | $5.70 \times 10^{-7}$ | $1.00 \times 10^{-8}$ |
| 60 ℃、100%RH，未老化 | $6.23 \times 10^{-8}$ | $1.00 \times 10^{-7}$ |
| 10 ℃、50%RH，未老化 | $2.07 \times 10^{-6}$ | $5.00 \times 10^{-9}$ |
| 20 ℃、75%RH，老化 | $6.38 \times 10^{-7}$ | $1.00 \times 10^{-8}$ |
| 60 ℃、100%RH，老化 | $8.32 \times 10^{-8}$ | $1.00 \times 10^{-7}$ |
| 10 ℃、50%RH，老化 | $2.19 \times 10^{-6}$ | $5.00 \times 10^{-9}$ |

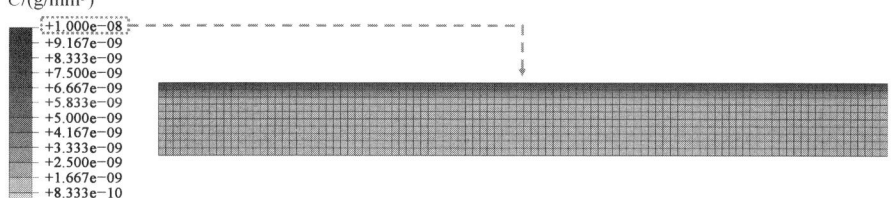

（a）20 ℃、75%条件下未老化沥青胶浆吸湿

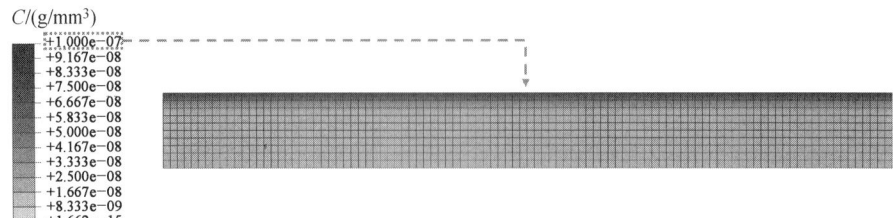

（b）60 ℃、100%条件下未老化沥青胶浆吸湿

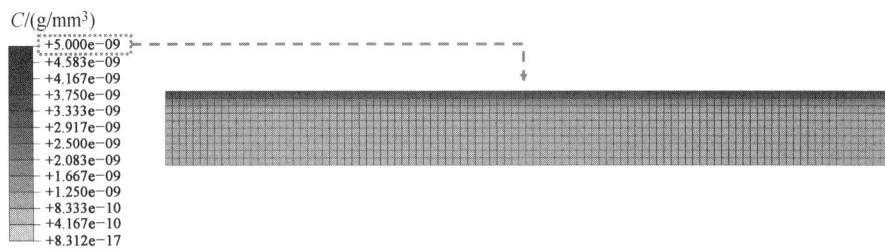

（c）10 ℃、50%条件下未老化沥青胶浆吸湿

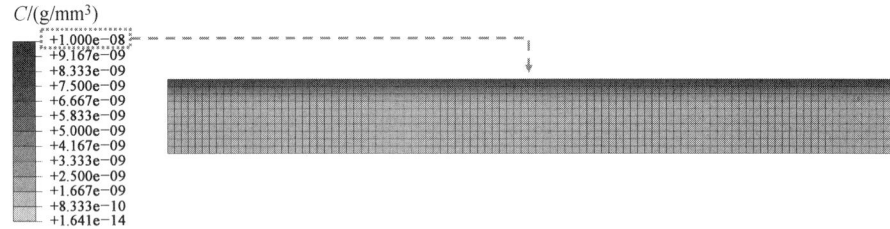

（d）20 ℃、75%条件下老化沥青胶浆吸湿

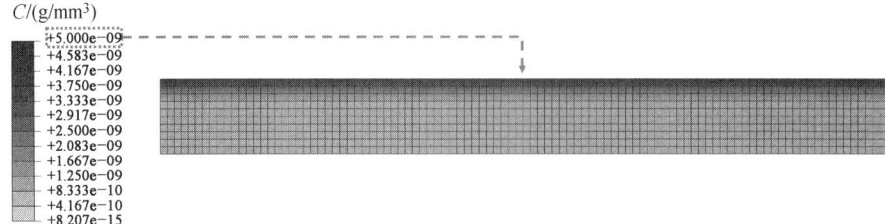

（e）60 ℃、100%条件下老化沥青胶浆吸湿

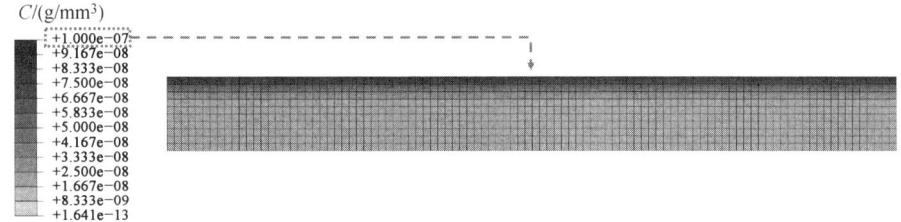

（f）10 ℃、50%条件下老化沥青胶浆吸湿

图 3.10　有限元计算结果

图 3.10 结果显示，当扩散时间较短时（以月为单位），沥青胶浆的扩散系数差异对最终扩散结果的影响较小，而边界条件不同对最终扩散结果的影响较显著。为了验证有限元模拟的准确性，导出模型中除顶面外的各积分点随扩散时间的浓度变化，按照式（3.40）近似计算试件质量变化。

$$\Delta m = \iiint \Delta C \mathrm{d}v \approx d^e \pi r^2 \cdot \sum \Delta C^e \quad (3.40)$$

式中：$\mathrm{d}v$——沥青胶浆试件圆柱体上的微元体，$mm^3$；

$d^e$——沿扩散路径（厚度方向）切分单元的大小，mm；

$r$——沥青胶浆试件的半径，mm。

根据表 3.2 所示的模拟设置，结合 2.4 节中的沥青胶浆吸湿试验结果，对比吸湿试验结果与有限元模拟结果，如图 3.11 所示。

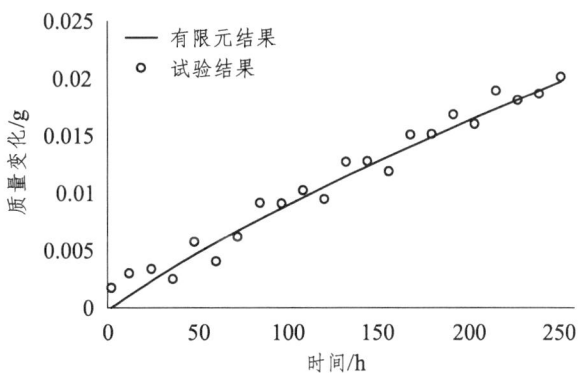

（a）未老化试件在 60 ℃、100%RH 下结果

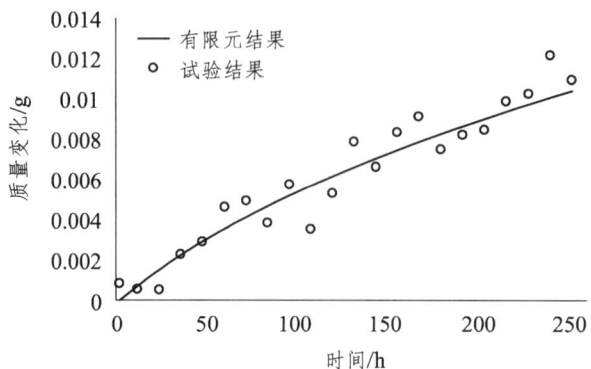

（b）未老化试件在 20 ℃、75%RH 下结果

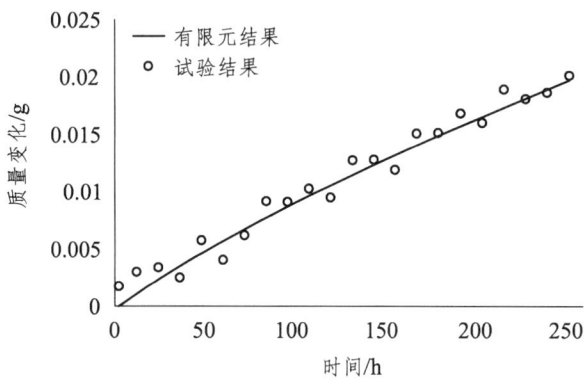

（c）未老化试件在 10 ℃、50%RH 下结果

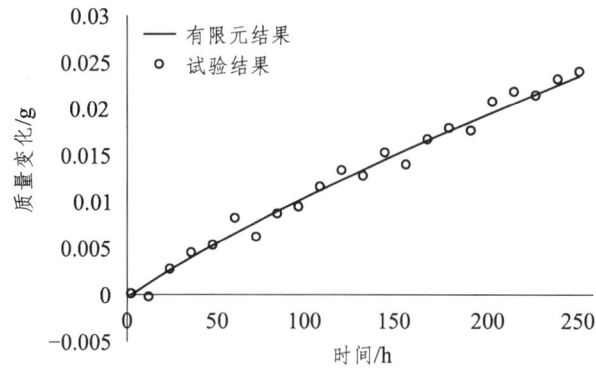

（d）老化后试件在 60 ℃、100%RH 下结果

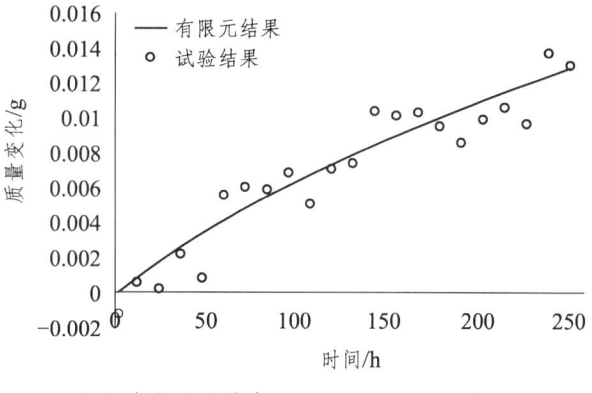

（e）老化后试件在 20 ℃、75%RH 下结果

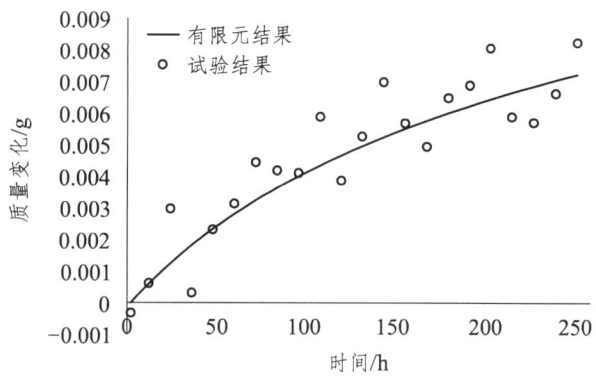

（f）老化后试件在 10 ℃、50%RH 下结果

图 3.11　模拟结果与试验结果对比

由于吸湿试验中环境箱存在绝对误差，实际作用在沥青胶浆试件上的水分边界条件可能与有限元模拟结果存在一定误差，因此图 3.11 所示的结果为经过小范围微调后的结果，由此导致的误差在容许范围内。图 3.11 结果说明模拟结果具有一定的可靠性，能够在一定程度上模拟、替代试验。

## 3.4　沥青混凝土内部水分场演化模拟

在 3.3 节中已经计算并验证了沥青胶浆有限元解法的可实施性，因此本节将构建二相沥青混凝土模型，将已经验证过的材料参数输入模型进行计算。

沥青混凝土是一种多相复合材料，按照其组成材料的不同包括：沥青、沥青胶浆、沥青砂浆、沥青混凝土。在本节的模型中，为了简化模型，减少计算量，将粒径在 2.36 mm 以下的集料统一划到沥青砂浆中，构建仅包含沥青砂浆与集料的模型。模型构建过程如图 3.12 所示。

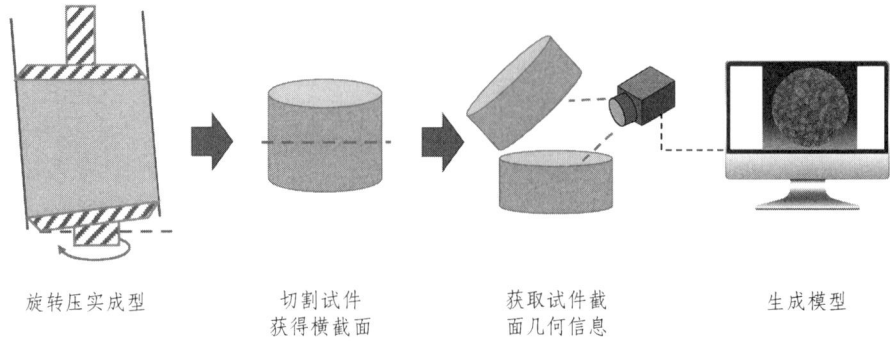

图 3.12　模型构建过程

构建后模型如图 3.13 所示。

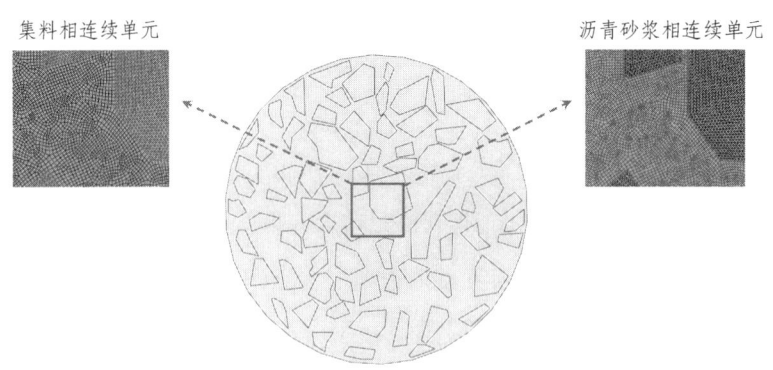

图 3.13　有限元模型及其单元设置

二维试件模型中包含沥青砂浆与集料两种材料。其中，沥青砂浆相使用二维 4 节点连续扩散单元（DC2D4）进行离散，集料相使用二维 3 节点连续扩散单元（DC2D3）进行离散。在其圆形外表面上施加边界条件，按照表 3.2 所列的控制参数进行材料输入。根据 2.3 节中求得的不同边界条件以及沥青老化程度下的扩散系数，结合 3.3 节中扩散问题的有限元求法，在本节构建包含集料与细集料沥青混凝土的二相有限元模型，对不同水分以及老化条件下沥青混凝土的水分扩散进行有限元模拟。其中，集料相与沥青砂浆相的材料参数见表 3.3。沥青混凝土暴露在不同水分环境中的有限元模拟结果分别如图 3.14、图 3.15 所示，其中，图 3.14 所示为水分扩散 1 年之后的结果，图 3.15 所示为水分扩散 3 年之后的结果。

表 3.3　沥青混凝土水分扩散有限元模拟材料参数

| 材料 | 扩散系数/(mm²/s) | 密度/(g/mm³) |
| --- | --- | --- |
| 沥青砂浆 | $6.23 \times 10^{-8} \sim 2.19 \times 10^{-6}$（参考表 3.2） | 2.0 |
| 集料 | $4.0 \times 10^{-4}$（参考表 1.1） | 2.5 |

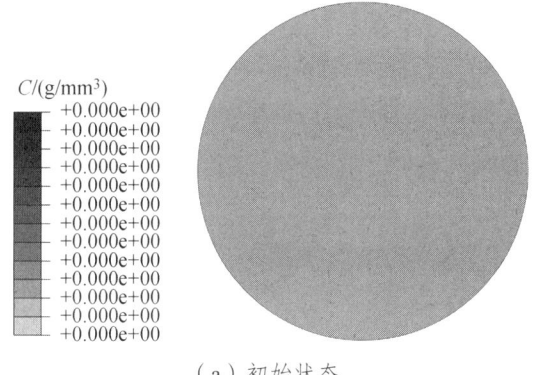

（a）初始状态

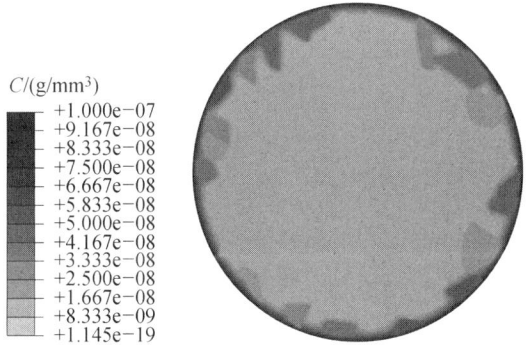

（b）未老化试件在 60 ℃、100%RH 环境中扩散

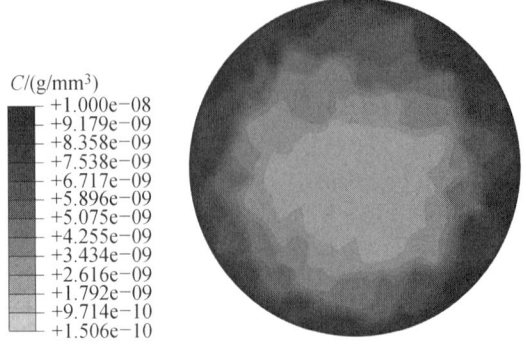

(c)未老化试件在 20 ℃、75%RH 环境中扩散

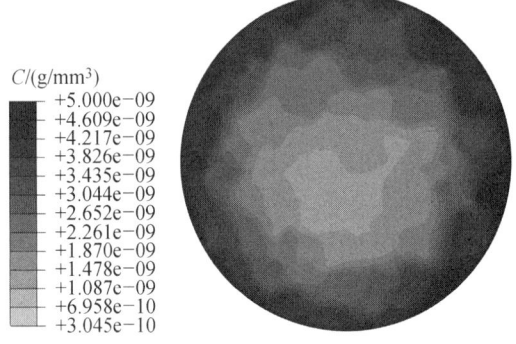

(d)未老化试件在 10 ℃、50%RH 环境中扩散

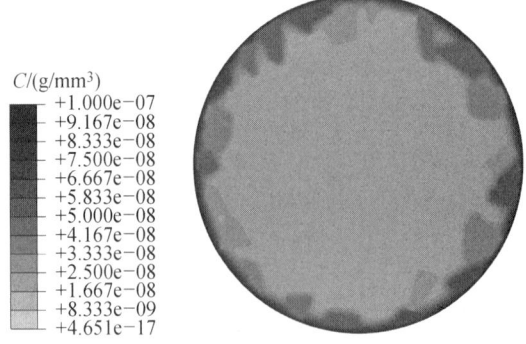

(e)老化后试件在 60 ℃、100%RH 环境中扩散

3 基于有限元法的水分扩散过程表征

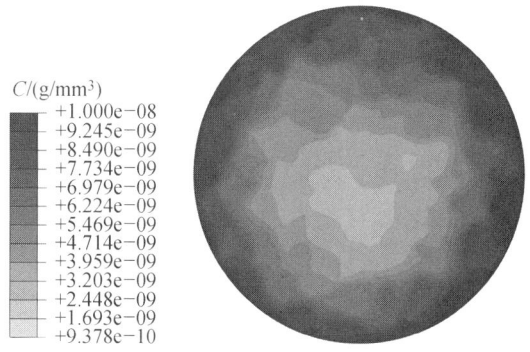

(f) 老化后试件在 20 ℃、75%RH 环境中扩散

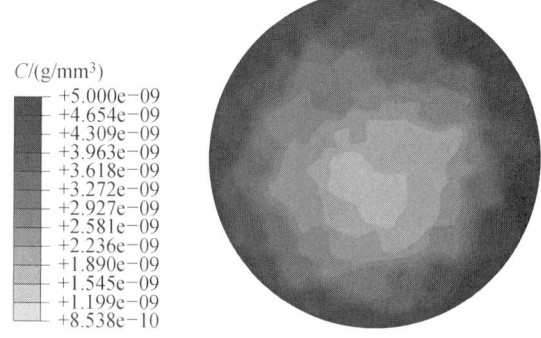

(g) 老化后试件在 10 ℃、50%RH 环境中扩散

图 3.14　不同水分状况下扩散 1 年后结果

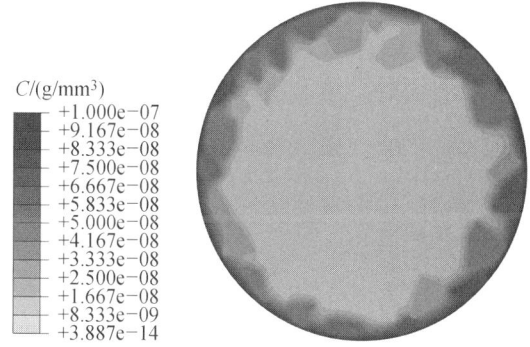

(a) 未老化试件在 60 ℃、100%RH 环境中扩散结果

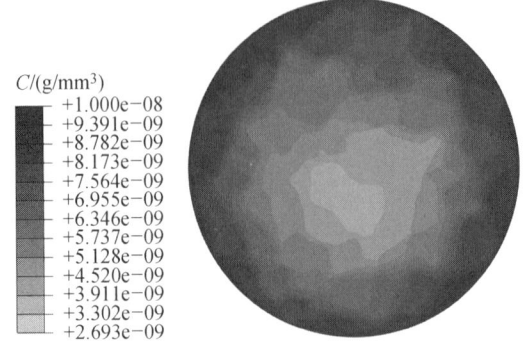

(b)未老化试件在 20 ℃、75%RH 环境中扩散结果

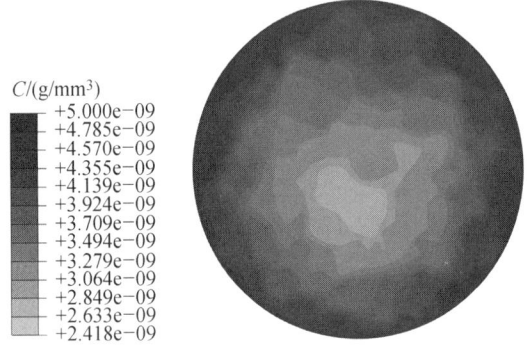

(c)未老化试件在 10 ℃、50%RH 环境中扩散结果

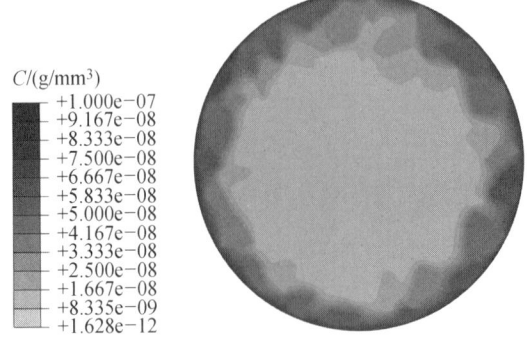

(d)老化后试件在 60 ℃、100%RH 环境中扩散结果

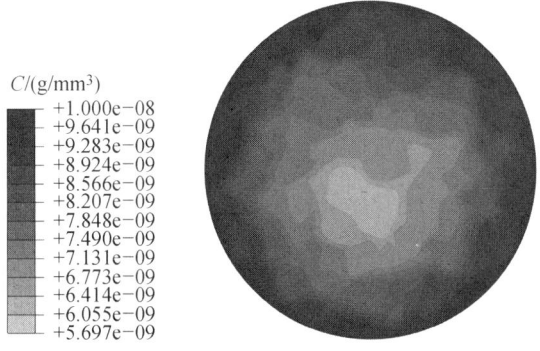

（e）老化后试件在 20 ℃、75%RH 环境中扩散结果

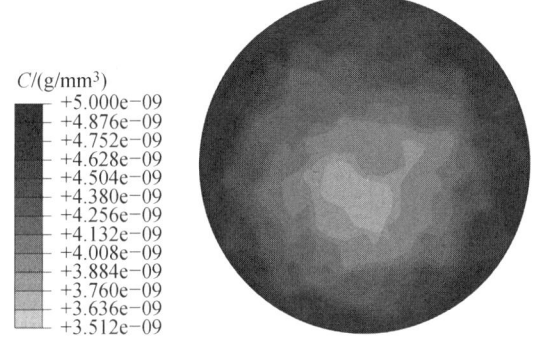

（f）老化后试件在 10 ℃、50%RH 环境中扩散结果

图 3.15　不同水分状况下扩散 3 年后结果

由图 3.14 与图 3.15 可知，水分随着扩散时间的增加，逐渐由试件外表面进入到内部。对比图 3.14 与图 3.15 不难发现，水分在 0~1 年的扩散要比 1~3 年的扩散更明显，说明扩散呈现先快后慢的趋势。这与 2.3 节中利用试验进行测算的结果相近，说明有限元计算结果稳定性较好，能够反映真实情况。另外，观察图 3.14 与图 3.15，可以发现，水分扩散过程会受到材料老化以及环境的影响。对比图 3.14（a）~（c）以及图 3.15（b）~（d）可以发现，虽然 10 ℃、50%RH 作用下水分向内扩散的量相对较少，但扩散速度更快，总结为"量少、快速"模式，而 20 ℃、75%RH 与 60 ℃、100%RH 作用下则为"量大、缓慢"。目前，已有大量试验证实扩散机制是间隙扩散机制[2]，即

在间隙固液体中，尺寸较大的扩散物质分子构成了固定的晶体点阵，而尺寸较小的扩散物质分子需要通过这些间隙进行传输，如图 3.16 所示。

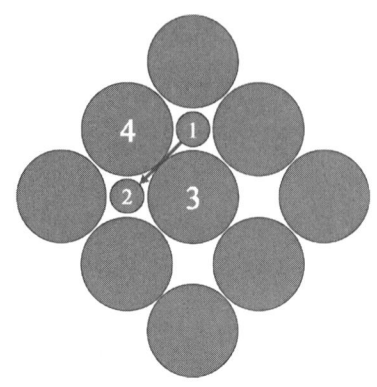

图 3.16　间隙扩散机制

沥青分子结构中空隙的数量是一定的，当扩散质分子数量较多时（如 60 ℃、100%RH 环境下），扩散路径上的空隙占有率较高，但相对"拥挤"，扩散速度较慢；当扩散质分子数量较少时（如 10 ℃、50%RH 环境下），扩散路径上的空隙占有率较低，但相对"通畅"。因此，在沥青混凝土试件 10 ℃、50%RH 作用下，水分扩散呈现"量小、快速"；而在 60 ℃、100%RH 作用下，则为"量大、缓慢"。

另外，对比图 3.14 与图 3.15 中老化前后水分扩散结果，可以发现，沥青胶结料老化对水分扩散的影响相比环境较小，主要体现在水分向内扩散的速度方面，由于老化导致沥青中轻质组分挥发，导致沥青内部极性成分占比增加，增加了分子间间隙数量，有助于水分的向内扩散。

为了更直观地展示老化、环境相对水分以及扩散系数对沥青混凝土中水分扩散的影响，在沥青混凝土试件中选取了不同位置处的 3 个测点，如图 3.17 所示。导出这些点位的水分浓度随扩散时间的数据，绘制成如图 3.18 所示的曲线图。

# 3 基于有限元法的水分扩散过程表征

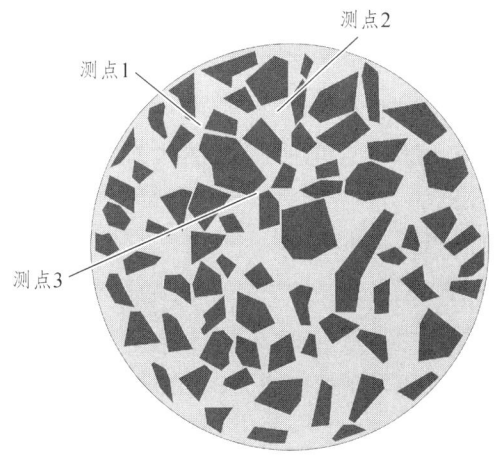

图 3.17 选取典型测点示意

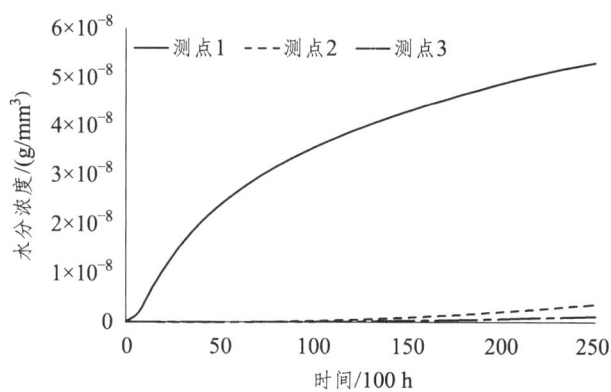

（a）未老化试件在 60 ℃、100%RH 下结果

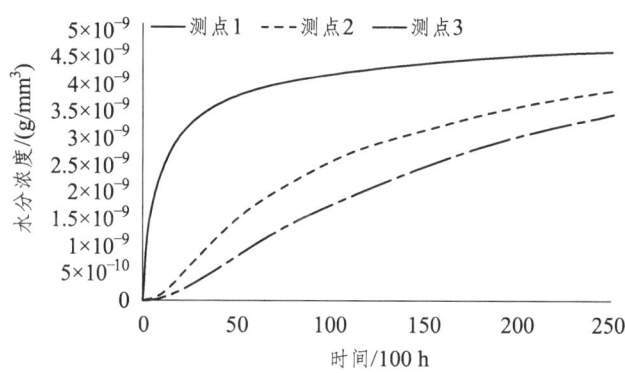

（b）未老化试件在 20 ℃、75%RH 下结果

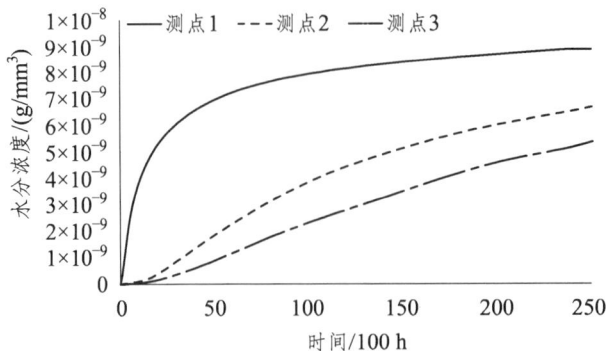

（c）未老化试件在 10 ℃、50%RH 下结果

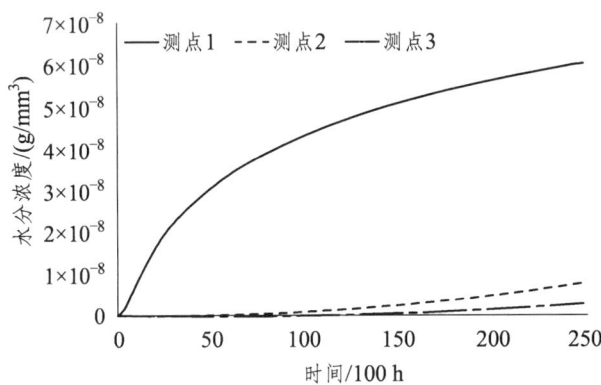

（d）老化后试件在 60 ℃、100%RH 下结果

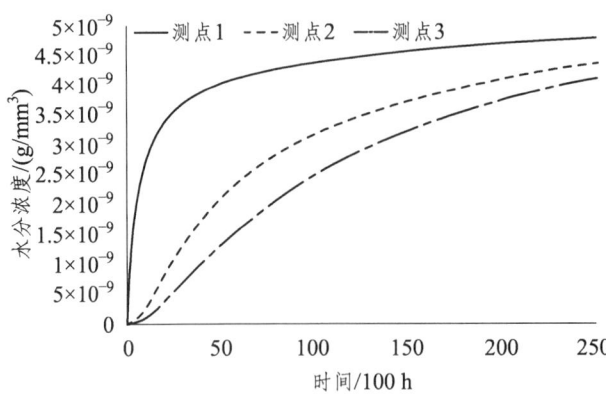

（e）老化后试件在 20 ℃、75%RH 下结果

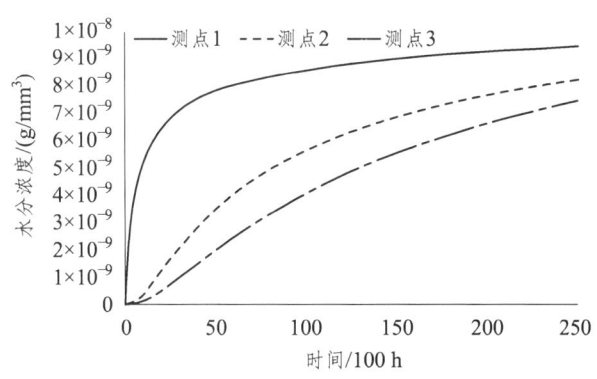

（f）老化后试件在 10 ℃、50%RH 下结果

图 3.18　试件中典型测点处水分浓度随扩散时间变化

从图 3.18 可以清晰发现，位于试件最外侧的测点 1 相比测点 2 及测点 3 较快接近平衡水分，且该规律不受老化影响。另外，对比图 3.18（a）～（c）可以发现，随着环境相对水分的增加，扩散逐渐减慢。在 60 ℃、100%RH 环境中，位于试件内部的测点 2 与测点 3 在为期 3 年的扩散中，水分浓度几乎为零。对比测点 1 与测点 2 水分浓度曲线可以发现，尽管这两个位置与水分边界条件的距离大致相同，但位于集料-砂浆界面处的测点 1 浓度增加显著多于测点 2。这说明，集料-砂浆界面相比砂浆内部更容易累积水分，进而引发损害。

图 3.18 中三种环境条件下的水分浓度随时间展现出大不相同的演化趋势，结合图 3.14 与图 3.15 的模拟结果可以得出，长期水分扩散会在沥青混凝土中产生不同的水分分布，而这个典型水分场的形成主要受扩散系数影响，水分环境差异的影响也主要通过扩散系数间接作用于水分场形成。另外，对比图 3.18（a）与图 3.18（d）、图 3.18（b）与图 3.18（e），以及图 3.18（c）与图 3.18（f），可以发现，在长期水分影响下，沥青的老化会在一定程度上加快水分扩散的扩散过程，但效果不显著。

## 3.5　本章小结

本章主要利用有限元法对水分在沥青混凝土中的扩散过程进行了表征，使用该方法可以直观有效地获得长期水分扩散作用下沥青混凝土中各位置处的水分浓度，进而得到沥青混凝土的水分场。本章首先对有限元法的基本原理进行了介绍，随后着重对利用有限元法对扩散模型的近似解法进行详细阐述，最后利用求解结果对沥青胶浆吸湿试验、沥青混凝土在长期水分环境中的吸湿过程进行了模拟表征。具体结论如下：

（1）通过对比有限元模拟与吸湿试验结果可以发现，有限元模拟结果与沥青胶浆吸湿试验结果相近，有限元模拟可以较好地预测水分在沥青胶浆中的传输。

（2）通过对沥青胶浆吸湿试验的有限元模拟发现，当扩散时间较短时（以月为单位），沥青胶浆的扩散系数差异对最终扩散结果的影响是轻微的，而环境相对水分不同对最终扩散结果的影响是显著的。

（3）沥青混凝土水分扩散模拟结果显示，水分在第 1 年的扩散要比第 2 年至 3 年扩散更明显，这说明扩散呈现先快后慢的趋势，且有限元计算结果与第 2 章理论分析结果相一致，能够在一定程度上反映真实情况。另外，水分扩散过程会受到材料老化以及环境的影响。

（4）对比 10 ℃、50%RH 与另外两种环境条件下的扩散结果，可以发现，虽然在 10 ℃、50%RH 环境中水分向沥青混凝土扩散的量相对较少，但扩散速度较快，总结为"量少、快速"模式，而 20 ℃、75%RH 与 60 ℃、100%RH 作用下则为"量大、缓慢"。根据间隙扩散机制，沥青分子结构中空隙的数量是一定的，当水分子数量较多时（如 60 ℃、100%RH 环境下），扩散路径上的空隙占有率较高，但相对"拥挤"，扩散速度较慢；当水分分子数量较少时（如 10 ℃、50%RH 环境下），扩散路径上的空隙占有率较低，但相对"通畅"。

（5）通过对沥青混凝土长期水分扩散的模拟分析中，可以发现，当扩散时间较长时（以年为单位），水分扩散过程受扩散系数影响大于受环境相对水分的影响。沥青的老化会在一定程度上加快水分扩散的扩散过程，但效果不显著。

## 本章参考文献

[1] HOSSAIN M I. Modeling moisture-induced damage in asphalt concrete[D]. Albuquerque: The University of New Mexico, 2013.
[2] 陶杰, 姚正军, 薛烽. 材料科学基础[M]. 北京: 化工工业出版社, 2006.

# 4 水分扩散导致性能弱化的量化表征与建模分析

沥青混凝土中水分所导致的黏结（附）力下降，是水分扩散渗发病害的主要原因。基于第 3 章最终获得的沥青混凝土内部水分扩散场，本章的主要研究内容是量化水分对黏结（附）力下降的影响。为实现这一目标，本章构建了一个水分扩散-力学耦合演化模型，该模型通过将黏结（附）力的下降定义为水分含量的函数，以体现水分在扩散过程中的作用。通常认为沥青混凝土由集料、沥青砂浆以及沥青胶浆组成。大量研究表明，沥青砂浆可以较好地代表沥青混凝土的黏弹以及黏结（附）特性[1,2]。因此，为了求解并校正模型，本书分别开展了沥青砂浆半圆弯曲有限元模拟实验，以及在不同水分含量下的沥青砂浆半圆弯曲试验。通过调整模拟中黏结（附）力的输入使模拟结果与试验结果相匹配，最终得到不同水分含量状态下沥青砂浆内部的黏结（附）力代表值，以此为终值，并利用最小二乘法对水分扩散-力学耦合演化模型进行求解与校正。

本章具体结构如下：4.1 节主要介绍控制沥青砂浆力学特性的本构模型以及水分扩散-力学耦合演化模型的构建；4.2 节主要介绍利用动态模量试验获得沥青砂浆离散松弛谱的方法；4.3 节主要介绍不同水分含量下沥青砂浆的半圆弯曲试验；4.4 节主要介绍综合线性黏弹本构以及黏聚力模型的砂浆半圆弯曲试验有限元模拟；4.5 节主要介绍水分扩散-力学耦合演化模型求解与校正。本章研究思路如图 4.1 所示。

# 4 水分扩散导致性能弱化的量化表征与建模分析

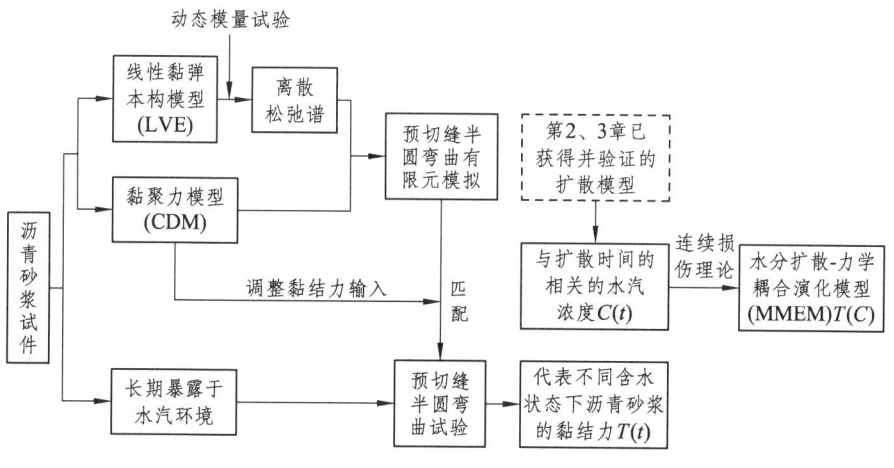

图 4.1 第 4 章研究思路

## 4.1 方法及模型

本章理论及方法主要包括以下 3 个方面的内容：

（1）广义 Maxwell 模型。

（2）黏聚力模型（CZM）。

（3）水分扩散-力学耦合演化模型（MMEM）。

### 4.1.1 线性黏弹模型

通常认为沥青混凝土在较低温度区间且小变形工况下满足线性黏弹特性[3]，而我国大部分地区位于中温带与亚热带，年平均气温在 10 ℃ 左右，且高速公路的车辆荷载属于高频荷载，因此可以认为线性黏弹模型符合我国的地域特征，在较多沥青混凝土使用场景中适用性较好。另外，线性黏弹模型是沥青胶浆本构的基础模型，多年来在沥青混凝土模拟分析中应用较广，精度和稳定性均已得到证实。在这样的基础上，本章假设沥青砂浆满足线性黏弹特性，对线性黏弹模型进行介绍。

#### 4.1.1.1 时间-温度等效原理

时间-温度（简称"时-温"）等效原理指的是，利用高温加剧分子热运动，从而缩短观测力学现象所需时间的原理，用于描述黏弹材料时间-温度的等效换算关系。利用这一原理可以将不同温度、频率下的动态模量试验结果移位至某一特定温度下，形成一条光滑曲线。这条曲线称之为动态模量主曲线，而移位的距离大小就是移位因子（图 4.2）。

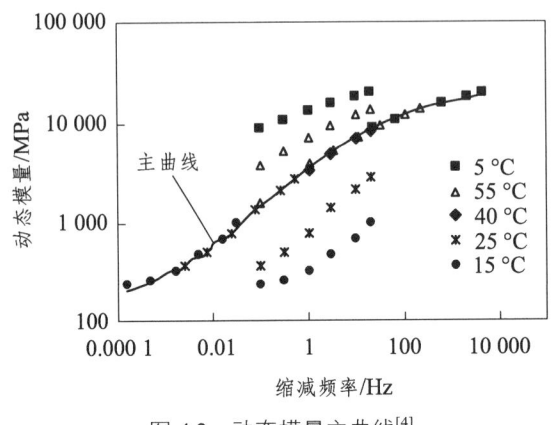

图 4.2 动态模量主曲线[4]

沥青基材料具有非常典型的黏弹特性，因此也有一定的时-温依赖性。目前，常用于计算沥青基材料移位因子的数学形式主要有：Arrhenius 公式[5]、Williams-Lanedl-Ferry 公式[6]。

Arrhenius 公式一般适用于处于玻璃态转化温度以下材料的移位因子，式（4.1）为对数形式下的 Arrhenius 公式。

$$\lg \alpha_\mathrm{T} = \frac{\Delta E_a}{2.303R}\left(\frac{1}{T_\mathrm{em}+273.15}-\frac{1}{T_\mathrm{r}+273.15}\right) \quad (4.1)$$

式中：$\Delta E_a$——活化能，J/mol；

$R$——通用气体常数，一般取 8.314，J/(mol·K)；

$T_\mathrm{em}$、$T_\mathrm{r}$——试验温度与参考温度。

Williams-Lanedl-Ferry 公式（简称"WLF 公式"）一般适用于玻璃态转化温度升温 100 ℃范围内材料的移位因子，是目前用于求解沥青基材料最常用

的公式,具体见式(4.2):

$$\log \alpha_T = -\frac{C_1(T_{em} - T_r)}{C_2 + (T_{em} - T_r)} \quad (4.2)$$

式中:$T_{em}$、$T_r$——试验温度与参考温度,K;

$C_1$、$C_2$——拟合参数,无量纲。

另外,也有使用多项式形式的求解方式,如 Zhu 等[7]用二阶多项式对移位因子进行了求解,见式(4.3):

$$\lg \alpha_T = a(T_{em} - T_r)^2 + b(T_{em} - T_r) + c \quad (4.3)$$

式中:$a$、$b$、$c$——拟合参数,无量纲。

#### 4.1.1.2 微分型本构模型

通常在材料力学范畴内将材料按照弹性、黏性以及塑性进行分类,这三种最基本的力学行为可以作为构成复杂力学行为的基础。为了更加直观地展示这些简单或复杂的力学行为,研究人员参考电子元器件,提出了力学元件模型。根据力学行为不同,有三种基础力学元件,分别为:① 弹簧元件:表征弹性行为;② 黏壶元件:表征黏性行为;③ 滑块元件:表征塑性行为。在力学元件模型中,复杂力学行为是将上述三种代表基础力学行为的元件通过串联、并联的形式相互组合而形成的。本书中近似认为沥青混凝土是黏弹性材料,因此在实际应用中并未考虑塑性行为。表 4.1 列举了目前应用较广的几类线性黏弹模型。

表 4.1 广泛使用的几类线性黏弹模型

| 名称 | Maxwell 模型 | Kelvin 模型 | Zener 模型 |
|---|---|---|---|
| 示意 | 弹簧-黏壶串联 $\eta$ $E$ $\sigma,\varepsilon$ | 弹簧-黏壶并联 $\eta$ $E$ $\sigma,\varepsilon$ | $\eta$ $E$ 与弹簧串联 $\sigma,\varepsilon$ |
| 本构方程 | $\dfrac{d\varepsilon}{dt} = \dfrac{d\sigma}{dt} \cdot \dfrac{1}{E} + \dfrac{\sigma}{\eta}$ | $\sigma = E \cdot \varepsilon + \eta \dfrac{d\varepsilon}{dt}$ | $\sigma + \dfrac{\eta_1}{E_1 + E_0} \dfrac{d\sigma}{dt} = \dfrac{E_1 \eta_1}{E_1 + E_0} \dfrac{d\varepsilon}{dt}$ |

续表

| 名称 | Maxwell 模型 | Kelvin 模型 | Zener 模型 |
| --- | --- | --- | --- |
| 适用对象 | 应力松弛 | 弹性蠕变 | 一般蠕变 |
| 力学过程 | $\sigma(t) = \sigma_0 e^{-t/\tau}$ | $\varepsilon(t) = \varepsilon(\infty)(1 - e^{-t/\tau})$ | $\varepsilon(t) = \dfrac{\sigma_0}{E_0} + \dfrac{\sigma_0}{E_1}(1 - e^{-t/\tau})$ |

另外，广义 Maxwell 模型与广义 Kelvin 模型分别为多个 Maxwell 模型并联或多个 Kelvin 模型串联得到，如图 4.3 所示。

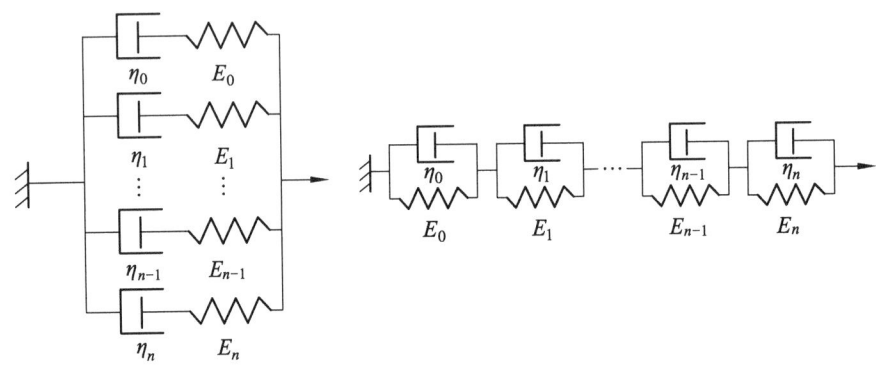

（a）广义 Maxwell 模型　　　　（b）广义 Kelvin 模型

图 4.3　线性黏弹本构模型

#### 4.1.1.3　积分型本构模型

积分型本构模型根据 Boltzmann 线性叠加原理得出，该理论最早由 Boltzmann 作为经验关系提出[8]，是黏弹性力学中最基本、最重要的原理之一。

假设蠕变应变为

$$\varepsilon(t) = \sigma_0 J(t) \tag{4.4}$$

式中：$J(t)$——蠕变柔量，$Pa^{-1}$；

$\sigma_0$——施加的应力，Pa。

若在 $t = t_1$ 时刻施加应力 $\sigma_1$，则有

$$\varepsilon(t) = \sigma_1 J(t - t_1) \tag{4.5}$$

若在 $t = 0$ 和 $t = t_1$ 时分别施加 $\sigma_0$ 和 $\sigma_1$，则在这两个应力作用下，蠕变应变响应可以进行线性叠加，如图 4.4 所示。

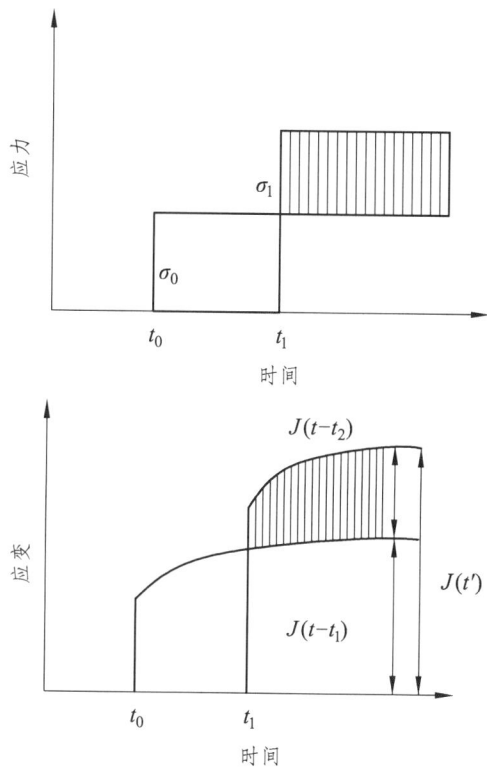

图 4.4　线性叠加原理示意

最终的应变可以表示为前两个阶段的线性叠加，即

$$\varepsilon(t) = \sigma_0 J(t) + \sigma_1 J(t - t_1) \tag{4.6}$$

若在 $t = t_1, t_2, \cdots, t_n$ 施加不连续应力增量 $\sigma_1, \sigma_2, \cdots, \sigma_n$，则有

$$\varepsilon(t) = \sum_{i=1}^{n} \sigma_i J_i(t - t_i) \tag{4.7}$$

若施加连续应力变化，应力增量可表示为微分形式 $\mathrm{d}\sigma_t / \mathrm{d}t$，式（4.7）中求和以积分替代，则可得到蠕变应变的线性叠加原理数学形式，即

$$\varepsilon(t) = \int_{-\infty}^{t} \frac{\mathrm{d}\sigma(\tau)}{\mathrm{d}\tau} J(t - \tau) \mathrm{d}\tau \tag{4.8}$$

参考式（4.8）的构建方法，同样可以得到应力松弛应变的线性叠加原理数学形式，具体见式（4.9）：

$$\sigma(t) = \int_{-\infty}^{t} \frac{d\varepsilon(\tau)}{d\tau} E(t-\tau) d\tau \tag{4.9}$$

其中，$E(t-\tau)$ 为松弛模量，Pa。

#### 4.1.1.4 松弛模量的求解

松弛模量能够反映沥青混凝土在变形时的应力响应，松弛模量越大，材料在变形后内部产生的应力就越大，因此常作为研究沥青混凝土黏弹特性的重要材料参数。但是，沥青混凝土的应力松弛试验十分复杂，加之其本身的各相异性，较难通过试验获得可靠的松弛模量。常采用转换的方法，即先求解相对容易通过试验获得的蠕变柔量或动态压缩模量，再利用参数转换来获得沥青混凝土的松弛模量。

沥青混凝土的蠕变柔量和松弛模量是一对可以相互转化的物理量，满足式（4.10）：

$$\int_{0}^{t} E(t-\tau) J(t) d\tau = t \tag{4.10}$$

式中：$E(t)$——松弛模量，Pa；

$J(t)$——蠕变柔量，Pa；

$t$——加载时间，s；

$\tau$——松弛时间，s。

利用 Laplace 变换得到式（4.10）在频域内的变换式，即

$$\hat{E}(s)\hat{J}(s) = \frac{1}{s^2} \tag{4.11}$$

其中，等号左边的函数通式为 $\hat{f}(s) = \int_{0}^{\infty} f(t) e^{-st} dt$，是 $f(t)$ 的 Laplace 变换方程（$s$ 为变换参数）。

利用式（4.10）与式（4.11），可以将试验求得的蠕变柔量转换为松弛模量。具体操作为将时间域离散，利用数值方法首先求解出频域内的 $\hat{E}(s)$，再

通过 Laplace 逆变换得到时域内的松弛模量。

不难看出，上述求解使用的是黏弹材料的积分型本构关系，而使用的前提是通过试验获取蠕变柔量。虽然蠕变柔量试验相比松弛模量试验难度有所下降，但仍需耗费大量时间，因此本节介绍一种利用动态压缩模量求解蠕变柔量与松弛模量的方法。

对于沥青混凝土，其时域内的蠕变柔量与松弛模量可以用 Prony 级数表示：

$$J(t) = J_0 + \frac{t}{\eta} + \sum_{i=1}^{n} J_i \left[ 1 - \exp\left(-\frac{t}{\tau_i}\right) \right] \quad (4.12)$$

式中：$J_0$——广义 Kalvin 模型中串联单个弹簧的弹性模量，Pa；

$t/\eta$——广义 Kalvin 模型中串联单个黏壶的柔量，1/Pa；

$J_i$——广义 Kalvin 模型中第 $i$ 个 Kalvin 子模型的蠕变柔量，1/Pa；

$\tau_i$——广义 Kalvin 模型中第 $i$ 个 Kalvin 子模型的蠕变时间，s。

$$E(t) = E_\infty + \sum_{i=1}^{n} E_i \exp\left(-\frac{t}{\rho_i}\right) \quad (4.13)$$

式中：$E_\infty$——广义 Maxwell 模型中并联单个弹簧与黏壶的松弛模量，Pa；

$E_i$——第 $i$ 个 Maxwell 子模型的松弛模量，Pa；

$\rho_i$——第 $i$ 个 Maxwell 子模型的松弛时间，s。

动态压缩模量可以通过简单的试验方法获得，其本质为材料的压缩本构模型，在一定条件下可以与蠕变本构模型以及松弛本构模型进行相互转换。动态压缩模量由储存模量与损失模量组成，具体见式（4.14）：

$$|E^*(\omega)| = \sqrt{[E'(\omega)]^2 + [E''(\omega)]^2} \quad (4.14)$$

式中：$|E^*(\omega)|$——动态模量，Pa；

$E'(\omega)$——储存模量，Pa；

$E''(\omega)$——损失模量，Pa；

$\omega$——角频率，rad/s。

储存模量是指材料变形时，由于弹性形变而储存的能量大小（可恢复），代表黏弹性材料的弹性成分；损失模量是指材料变形时，由于黏性形变而损失的能量大小（不可恢复），代表黏弹性材料的黏性成分。

储存模量：$\quad E'(\omega) = E_\infty + \sum_{i=1}^{n} \dfrac{\omega^2 \rho_i E_i}{1+\omega^2 \rho_i^2}$ （4.15）

损失模量：$\quad E''(\omega) = \sum_{i=1}^{n} \dfrac{\omega \rho_i E_i}{1+\omega^2 \rho_i^2}$ （4.16）

通过最小二乘法，将动态模量数据与式（4.14）～式（4.16）相拟合，求解相关参数，再将参数代入式（4.13），得到松弛模量。

### 4.1.2 黏聚力模型

黏聚力模型（Cohesive Zone Model，CZM）通过定义开裂面之间黏结力、位移以及断裂能之间的关系控制开裂过程。该模型可以弥补传统断裂理论无法描述的沥青混凝土在开裂区的复杂力学行为[9]，因此近年来得到了广泛使用。

#### 4.1.2.1 黏聚力模型概况

材料断裂是一个十分复杂的过程，不同的材料类型导致各自开裂行为存在差异。根据裂纹尖端软化区域与硬化区域相对尺寸的大小，可将材料的开裂行为大致分为脆性材料、延性材料、半脆性材料三类，如图4.5所示。

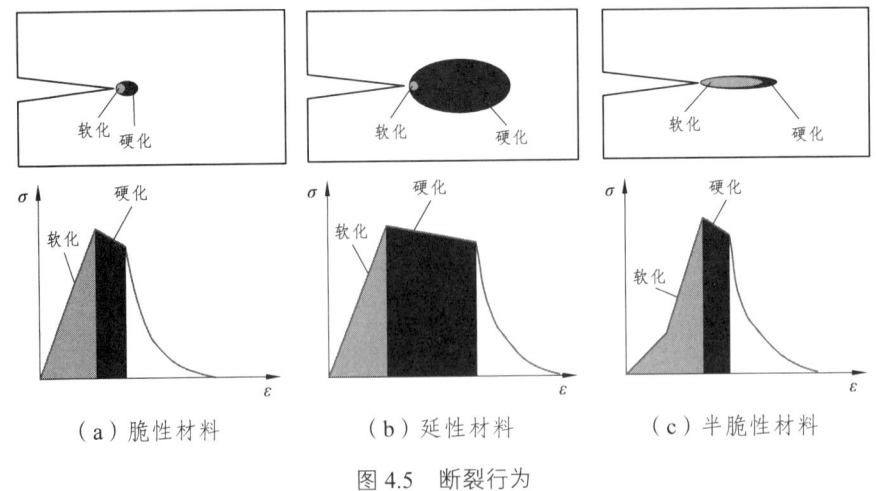

图 4.5　断裂行为

脆性材料的开裂区相比结构尺寸很小,整个开裂过程都发生在一个很小的区域内,因此满足线弹性开裂的假设。通常使用线弹性开裂力学进行求解,典型材料包括玻璃等。

延性材料的开裂区较小,但其应变硬化区较大,在应力达到峰值之后会出现较长应变硬化阶段(发生塑性变形)。通常使用弹塑性断裂力学进行求解,典型材料为各种具有延展性的金属等。

半脆性材料同时具有较大的开裂区与应变硬化区。由于在裂纹起始以及微观裂纹产生过程中,材料在开裂阶段出现显著的应变软化。通常使用黏聚力模型等进行求解,典型材料包括水泥混凝土、岩石、复合材料以及沥青混凝土等。

可见,对沥青混凝土这类存在应变软化的多相复合材料,线弹性或是弹塑性断裂力学对其适用性较差。因此,本章使用黏聚力模型来对沥青混凝土的断裂行为进行研究。

黏聚力模型提供了一种高效且可计算的方法,用于模拟裂尖前端的损伤过程区。黏聚力模型对张开型(Ⅰ型)开裂的模拟示意如图4.6所示。其中,$\delta_n$、$t_n$分别为沿黏聚表面的法向张开位移以及拉伸力;$\sigma_c$、$\delta_c$分别为材料强度以及临界位移(当拉力衰减为零时的位移)。

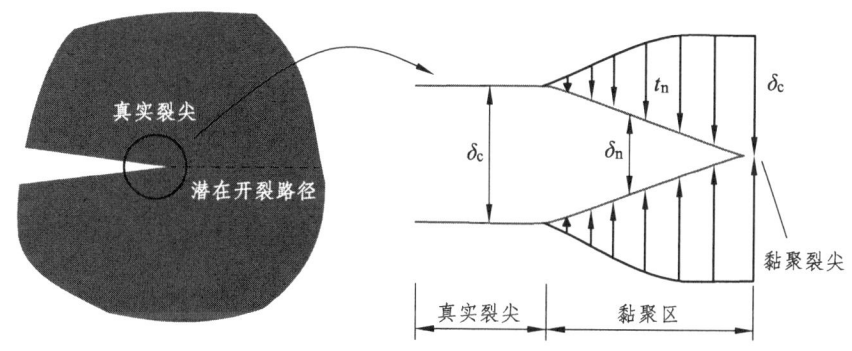

图 4.6 黏聚力模型示意

黏聚力模型是一个现象学模型,通常包含一个由开裂面之间位移以及沿界面的拉力所定义的本构方程,能够对裂纹聚集成核、裂纹起始以及扩展进行模拟。

真实裂尖也称材料裂尖，通常是指拉力降为零时的点位；黏聚力裂尖也称虚拟裂尖，通常是指拉力达到最大值时的点位，黏聚区或者开裂过程区就是介于真实裂尖与黏聚力裂尖之间的区域，复杂的开裂行为以及众多非弹性行为均发生在这个区域。黏聚力表面由代表黏聚力的拉力所连接，在黏聚力模型中，该拉力与两裂纹表面之间的位移有关。随着外界荷载的施加或是结构屈服，裂纹表面之间的位移开始增加，拉力随后先增加至最大值，再单调下降至零。由此可以看出，材料的拉伸分离响应取决于临界拉力、临界位移以及断裂能。其中，断裂能作为重要黏聚参数，控制着黏聚力的衰减过程。

#### 4.1.2.2 双线性本构方程

如前所述，黏聚力模型通常包含一个由开裂面之间位移以及沿界面的拉力所定义的本构方程，本节将介绍一种简单高效的双线性本构方程（Bilinear Traction-Separation Law，TSL）[10,11]，如图4.7所示。

如图4.7所示，拉伸力$T$是位移$\Delta$以及刚度$K$的函数。黏聚力单元的初始刚度$K_0$决定了该单元在黏结力上升阶段的线型特征。随着荷载的持续施加，当黏结力$T$达到峰值$T^0$时，损伤随之发生。随后进入下一个阶段，黏结力随着张开位移$\Delta$的增加而减小，与此同时，刚度逐渐减小至零。这种现象可称为应变软化效应，通常用来描述材料处于黏聚区阶段时的行为特征。当拉伸力降为零时，两黏聚表面分离。

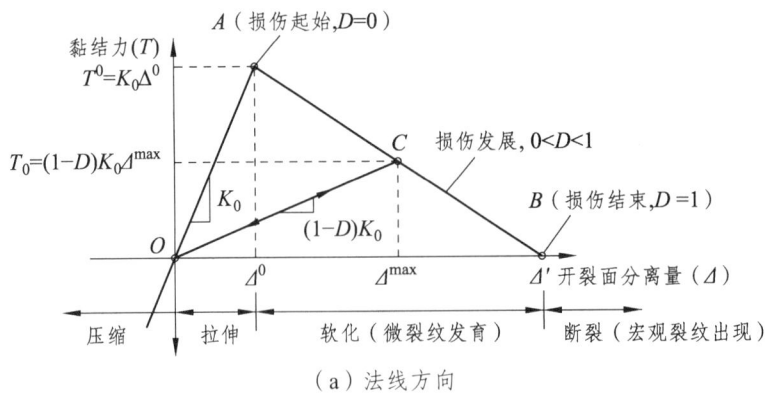

（a）法线方向

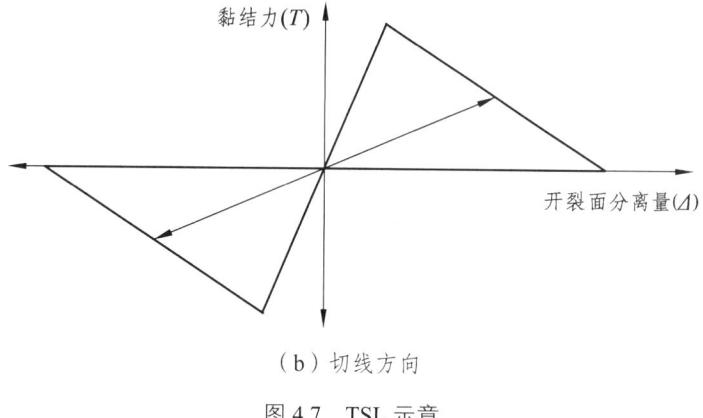

（b）切线方向

图 4.7 TSL 示意

从图 4.7 不难看出，TSL 的关键参数有：黏结力 $T$、开裂面的分离位移 $\Delta$、断裂能 $G$。在本节中，断裂能可以看作 TSL 曲线下围的面积，因此可按式（4.17）进行计算：

$$G = \int_0^{\Delta} T(\Delta) \mathrm{d}\Delta = \frac{1}{2} T^0 \cdot \Delta \tag{4.17}$$

除以上三个关键参数外，还需要考虑损伤起始状态以及失效准则。对于单一模式开裂，裂纹起始可通过开裂方向上的损伤准则获得。但沥青混凝土的开裂往往是多模式复合型开裂，通常在达到单一模式开裂失效准则之前就发生开裂。一般通过定义初始临界应力或应变的方式考虑开裂失效准则，当应力或应变满足临界值时，损伤开始。图 4.7 所示的 TSL 本构模型中，黏结力 $T$ 有三个方向的应力分量：$T_n$ 代表张开型（纯 Ⅰ 型）开裂、$T_s$ 代表面内剪切型（纯 Ⅱ 型）开裂、$T_t$ 代表面外剪切型（纯 Ⅲ 型）开裂。同理，位移 $\Delta$ 也在这三个方向存在应变分量：$\varepsilon_n$、$\varepsilon_s$、$\varepsilon_t$。定义 $T_n^0$、$T_s^0$、$T_t^0$ 以及 $\varepsilon_n^0$、$\varepsilon_s^0$、$\varepsilon_t^0$ 分别为三个方向上的最大名义应力与应变。

对于复合材料通常有四种准则定义方式：① 二次名义应变准则：当三个方向名义应变比的平方和达到 1 时，损伤开始 [见式（4.18）]；② 最大名义应变准则：当任何一个方向名义应变比值达到 1 时，损伤开始 [见式（4.19）]；③ 二次名义应力准则：当三个方向名义应力比的平方和达到 1 时，损伤开始，见式（4.20）；④ 最大名义应力准则：当任何一个方向名义应力比值达到 1 时，损伤开始，见式（4.21）。

$$\left\{\frac{\langle\varepsilon_n\rangle}{\varepsilon_n^0}\right\}^2 + \left\{\frac{\varepsilon_s}{\varepsilon_s^0}\right\}^2 + \left\{\frac{\varepsilon_t}{\varepsilon_t^0}\right\}^2 = 1 \quad (4.18)$$

$$\max\left\{\frac{\langle\varepsilon_n\rangle}{\varepsilon_n^0}, \frac{\varepsilon_s}{\varepsilon_s^0}, \frac{\varepsilon_t}{\varepsilon_t^0}\right\} = 1 \quad (4.19)$$

$$\left\{\frac{\langle T_n\rangle}{T_n^0}\right\}^2 + \left\{\frac{T_s}{T_s^0}\right\}^2 + \left\{\frac{T_t}{T_t^0}\right\}^2 = 1 \quad (4.20)$$

$$\max\left\{\frac{\langle T_n\rangle}{T_n^0}, \frac{T_s}{T_s^0}, \frac{T_t}{T_t^0}\right\} = 1 \quad (4.21)$$

式（4.18）~式（4.21）中，下标 $n$ 表示开裂面法线方向上的应力；下标 $s$ 表示开裂面切线方向的应力；下标 $t$ 表示开裂面沿厚度方向的应力；上标 0 表示在裂纹起始处的应力值；括号"〈 〉"表示排除负值，即当应力作用方向为压缩时，应力值为 0，具体规则见式（4.22）：

$$\langle T_n\rangle = \begin{cases} T_n, & T_n \geqslant 0 \text{ 拉伸} \\ 0, & T_n < 0 \text{ 压缩} \end{cases} \quad (4.22)$$

由于应变软化效应，图 4.7（a）中所示损伤变量 $\tilde{D}$ 可以根据式（4.23）进行计算：

$$\tilde{D} = \frac{\Delta^{\max}(\Delta' - \Delta^0)}{\Delta'(\Delta^{\max} - \Delta^0)} \quad (4.23)$$

式中：$\Delta^{\max}$——在破坏时实际发生的分离位移，mm；

$\Delta'$——在施加荷载过程中的实际最大分离位移，mm；

$\Delta^0$——在损伤起始时的有效分离位移，mm。

通常，$0 \leqslant \tilde{D} \leqslant 1$。考虑到损伤状态，黏结力可以改写为一个包括未损伤黏结力 $\bar{T}$ 以及损伤变量 $\tilde{D}$ 的式子，见式（4.24）：

$$T = (1 - \tilde{D})\bar{T} \quad (4.24)$$

### 4.1.3 水分扩散-力学耦合演化模型

通过扩散作用进入沥青混凝土中的水分会在水分浓度梯度的作用下穿过沥青砂浆,最终到达集料表面,剥落沥青膜。这一过程会导致沥青混凝土发生黏结(附)损伤,即水分扩散导致性能弱化效应。本节将针对这一过程,对沥青混凝土内部黏结(附)力随水分扩散累积而降低的演化过程进行建模。该模型的本质是一个水分扩散-力学耦合演化模型(Moisture Mechanical Evolution Model,MMEM)。

1986 年,Krajcinovic 等[12]提出了连续损伤力学(Continuum Damage Mechanics,CDM)的框架,并将其应用于混凝土的损伤分析中。随后,这种分析方法被称为经典连续损伤理论而被广泛应用。根据 CDM,损伤后应力张量可以用一个包含损伤变量的未损伤应力张量的式子进行表示,见式(4.25):

$$\sigma = (1-\tilde{D})\bar{\sigma} \qquad (4.25)$$

式中:$\bar{\sigma}$——有效(未损伤)应力张量,Pa;

$\sigma$——名义(损伤)应力张量,Pa。

在这样一个力学框架中,沥青混凝土内部黏结(附)力的损伤可以通过定义损伤变量的方式进行表征。这一损伤变量 $\tilde{D}$ 包括温度、水分扩散、材料缺陷等影响因素。本节仅针对水分扩散影响进行分析,并定义水分扩散损伤变量 $\tilde{d}$ 为总损伤变量 $\tilde{D}$ 的分量。因此,水分扩散对黏结(附)力的影响以及不同水分扩散状态下的黏结(附)的相互关系可以用一个损伤变量的公式加以量化,见式(4.26):

$$\tilde{d} = 1-(1-\tilde{d}^a)(1-\tilde{d}^c) \qquad (4.26)$$

式中:$\tilde{d}$——由水分扩散引起的总损伤变量,无量纲;

$\tilde{d}^a$——由水分扩散引起的沥青砂浆与集料黏附力下降的内部变量,无量纲;

$\tilde{d}^c$——水分扩散引起的沥青砂浆自身黏结力下降的内部变量,无量纲。

为了量化水分扩散的影响,需将损伤变量与水分含量建立联系。根据相关研究,本节将损伤变量定义为沥青砂浆中水分含量的函数[13],见式(4.27):

$$\tilde{d}^i(\theta) = f^i(\theta) ; \quad i = a, c \tag{4.27}$$

其中，$\theta$ 表示标准化水分含量，可用水分含量与最大吸水量的比值定义；上标 $i$ 为 $a$ 时，表示水分扩散导致的黏附损伤，上标 $i$ 为 $c$ 时，表示水分扩散导致的黏结损伤。

$$\theta(x,t) = \frac{C_\theta(x,t)}{C_\theta^{\max}}, \quad 0 \leqslant \theta \leqslant 1 \tag{4.28}$$

式中：$\theta(x,t)$——水分含量，是扩散路径与扩散时间的函数，无量纲；

$C_\theta(x,t)$——某时刻扩散路径某位置处的水分含量，$g/mm^3$；

$C_\theta^{\max}$——最大吸水量，$g/mm^3$。

相关研究表明，沥青混凝土中黏结（附）力可用一个包含水分含量的非线性关系式来表示。也就是说，可以通过将水损伤变量与水分扩散导致的黏结（附）力下降相关联，具体见式（4.29）。

$$\frac{T_{(t)}^i}{T_0^i} = 1 - f^i(\theta) = 1 - [1 - \exp(-k^i \sqrt{\theta})] ; \quad i = a, c \tag{4.29}$$

式中：$T_{(t)}^i$——水分扩散状态中的黏结（附）力，Pa；

$T_0^i$——干燥状态中的黏结（附）力，Pa，当全部黏结（附）力损失殆尽后（$T_{(t)}^i = 0$），材料完全失效（$\tilde{d}^i = 1$）；

$k^i$——材料对水分扩散的敏感性的待定参数，无量纲。

以式(4.29)为代表的 MMEM 是水分含量的函数，因此，为了求解 MMEM，需要对沥青砂浆中的水分含量进行求解。

根据第 2 章研究结果，可使用 Fick 第二定律进行水分含量的求解，具体见式（2.8）。

本节所介绍的线性黏弹模型、黏聚力模型将在 4.4 节中的沥青砂浆半圆弯曲有限元分析中作为材料参数输入，并控制沥青砂浆的力学响应，而水分扩散-力学耦合演化模型将根据 4.3 节与 4.4 节的结果，在 4.5 节中进行构建，最终得出用于量化长期水分扩散影响的力学损伤模型。

## 4.2 基于动态模量试验的沥青砂浆黏弹本构模型

根据 4.1 节所述,本节主要对沥青砂浆的黏弹特性以及开裂损伤进行分析与模拟。因此,主要进行两项试验:一是沥青砂浆的动态模量试验,以获取沥青砂浆的黏弹参数;二是沥青砂浆的半圆弯曲试验,以获取沥青砂浆的断裂参数。

### 4.2.1 动态模量试验

沥青混凝土是一种由沥青胶结料将不同粒径的集料胶合起来的多相复合材料,根据划分范围的不同,其内部组成有多种划分方式。通常认为其内部由三部分组成:集料相(Coarse Aggregate)、包裹集料相的沥青胶浆相(Mastic)、基底材料沥青砂浆(Matrix/Mortar)。其中,沥青胶浆为沥青与粒径小于 0.075 mm 的粉料组成的混合料[14],沥青砂浆为沥青与粒径范围为 0.075~2.36 mm 的细集料组成的混合料[15-17]。本节中沥青砂浆的细集料级配采用密级配沥青混凝土 Superpave-13 混合料(SUP-13)中 2.36 mm 以下的集料组合,级配曲线如图 4.8 所示。

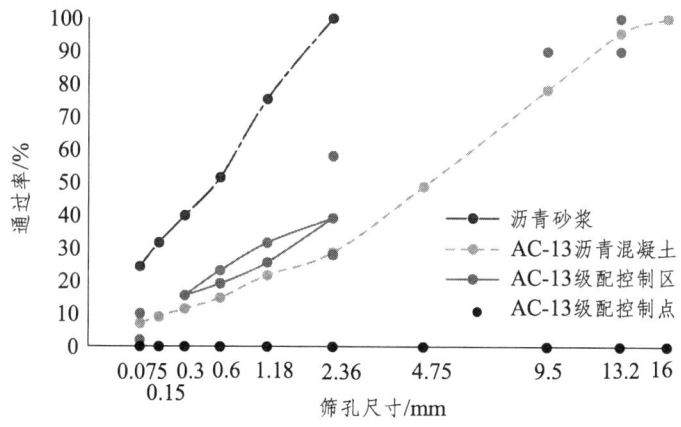

图 4.8 沥青胶浆与密级配沥青混凝土的级配曲线

根据已有相关研究，采用等比表面积法，获得沥青砂浆中沥青的含量[18,19]。核心思路是使密级配沥青混凝土中有效比表面积与沥青含量的比值与需配制的沥青胶浆中的有效比表面积与沥青含量的比值相等，具体见式（4.30）。

$$\frac{AC_\mathrm{m}}{SA_\mathrm{m}} = \frac{AC_\mathrm{M}}{SA_\mathrm{M}} \tag{4.30}$$

式中：$AC_\mathrm{m}$——沥青胶浆的沥青含量，无量纲，%；

$AC_\mathrm{M}$——SUP-13 的沥青含量，无量纲，%；

$SA_\mathrm{m}$——沥青胶浆的比表面积，m²/kg；

$SA_\mathrm{M}$——SUP-13 的比表面积，m²/kg。

式（4.30）中的比表面积可以根据《公路工程沥青及沥青混合料试验规程》（JTG E20—2011）[20]，按照式（4.31）进行计算。

$$SA = \sum(Pass_i \times FA_i) \tag{4.31}$$

式中：$Pass_i$——集料各粒径的质量通过百分率，%；

$FA_i$——各粒径集料的表面积系数，无量纲，可以根据表4.2查找。

表4.2 沥青混凝土密度试验（表干法）得到集料的表面积系数

| 筛孔尺寸/mm | 19 | 16 | 13.2 | 9.5 | 4.75 | 2.36 | 1.18 | 0.6 | 0.3 | 0.15 | 0.075 |
|---|---|---|---|---|---|---|---|---|---|---|---|
| 表面积系数 FA | 0.004 1 | — | — | — | 0.004 1 | 0.008 2 | 0.016 4 | 0.028 7 | 0.061 4 | 0.122 9 | 0.327 7 |

将式（4.31）计算得到的比表面积总和代入式（4.30）中，可以求得沥青胶浆中的沥青含量为 9.8%。制备沥青胶浆所用的细集料采用粒径范围为 0~3 mm 的石灰岩细料经过筛分得到。石灰岩细集料材料参数见表 4.3，表中参数技术要求参考《公路沥青路面施工技术规范》（JTG F40—2004）[21]。

表4.3 沥青胶浆中细集料材料参数

| 检验项目 | 实测值 | 技术要求 |
|---|---|---|
| 表观相对密度 | 2.775 | ≥2.5 |
| 含泥量/% | 1.3 | ≤3 |
| 砂当量/% | 64 | ≥60 |

续表

| 检验项目 | 实测值 | 技术要求 |
| --- | --- | --- |
| 棱角性/s | 36 | ≥30 |
| 亲水系数 | ≤1.0 | 0.58 |
| 含水率/% | ≤1 | 0.3 |
| 外观 | 无团粒结块 | 无团粒结块 |

本节采用旋转压实成型沥青砂浆试件并进行动态模量试验,首先按照图4.8所示的集料级配185 ℃下拌制沥青砂浆,沥青含量为9.8%,该参数采用等比表面积法通过AC-13沥青混凝土沥青含量换算得到,具体过程参见2.3.1节。之后将沥青砂浆倒入旋转压实模具中进行成型。初始试件尺寸为:直径为150 mm,高度为320 mm,之后对初始试件进行取芯与切割,最终形成直径为100 mm,高度为150 mm的标准试件。

采用UTM对成型试件进行测试,试验温度分别为:-10 ℃、5 ℃、20 ℃、35 ℃、50 ℃。为了保证试件内外温度一致,试件在-10 ℃、5 ℃的试验温度下至少静置8 h后方可进行加载,在20 ℃、35 ℃、50 ℃下静置4~5 h后进行试验。试验频率为:25 Hz、10 Hz、5 Hz、1 Hz、0.5 Hz、0.1 Hz,分别在上述试验温度下进行不同加载频率的试验。根据AASHTO TP79-15[22]要求,采用半正弦波形进行加载,施加在试件的应变范围为50~115 με,当试件在各频率下累积的塑性变形超过1 500 με时,试验终止。测试时对试件按照温度由低到高(-10~50 ℃),在每个温度下按照频率由高到低(25~0.1 Hz)依次进行测试,试验间隔2 min,记录试验终止前5个波形的荷载与变形数据,用于计算动态模量,如图4.9所示。

图4.9 沥青砂浆动态模量试验

根据加载时的应力-应变关系,可以得到沥青砂浆的复数模量,具体见式(4.32):

$$E^* = \frac{\sigma(t)}{\varepsilon(t)} = \frac{\sigma_0 e^{i(\omega t+\varphi)}}{\varepsilon_0 e^{i\omega t}} \tag{4.32}$$

式中:$E^*$——复数模量,MPa;

$\sigma(t)$——加载时的应力,MPa;

$\varepsilon(t)$——加载时的应变响应,无量纲;

$\sigma_0$——应力峰值,MPa;

$\varepsilon_0$——应变响应峰值,无量纲;

$\omega$——角频率,rad/s;

$\varphi$——相位角,rad,可按式(4.33)进行计算:

$$\varphi = \frac{t_i}{t_p} \times 360 \tag{4.33}$$

式中:$t_i$——试验终止前5个波形的平均滞后时间,s;

$t_p$——试验终止前5个波形的周期,s。

动态模量是复数模量的绝对值,通常使用试验中峰值应力与峰值应变的比值进行计算,具体见式(4.34):

$$|E^*| = \frac{\sigma_0}{\varepsilon_0} \tag{4.34}$$

试验得到的动态模量与频率的对数图如图4.10所示。

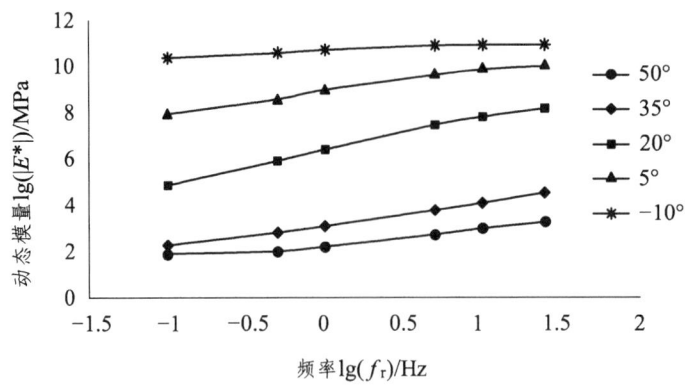

图4.10 测试温度与频率下的动态模量对数

## 4.2.2 动态模量主曲线

根据 4.1.1.1 节中所述，利用时间-温度等效原理可以将图 4.8 所示的不同温度的测试结果平移至某个参考温度下形成一条光滑的曲线，从而突破试验仪器的限制，达到对不同频率下材料动弹模量的求解。Sigmoidal 函数是使用较多的 S 型曲线，因此本节使用 Sigmoidal 模型对沥青砂浆的主曲线进行拟合求解，具体见式（4.35）：

$$\lg(|E^*|) = \delta + \frac{\alpha}{1+e^{[\beta+\gamma\lg(f_r)]}} \tag{4.35}$$

式中：$\lg(|E^*|)$——动态模量的对数，无量纲；

　　　$\delta$、$\alpha$、$\beta$、$\gamma$——曲线形状参数，是待定系数，无量纲；

　　　$\lg(f_r)$——缩减频率的对数，是经过时温等效之后在参考温度下的频率，可按照式（4.36）进行计算：

$$\lg(f_r) = \lg(f) - \lg(\alpha_T) \tag{4.36}$$

式中：$\lg(f)$——试验温度下频率的对数，无量纲；

　　　$\lg(\alpha_T)$——移位因子的对数，无量纲，本书利用 WLF 模型对移位因子进行求解，具体见式（4.2）。

本节以 35 ℃ 为参考温度，求解沥青砂浆主曲线，共包含待定系数 8 个，具体为：$\delta$、$\alpha$、$\beta$、$\gamma$、$\alpha_{T=-10°}$、$\alpha_{T=5°}$、$\alpha_{T=20°}$、$\alpha_{T=50°}$，其中 $\alpha_{T=35°}=1$。使用最小二乘法利用动态模量试验结果对上述参数进行求解，相关系数计算公式见式（4.37），最终结果见表 4.4。

$$col = \frac{\sum(|E^*|_{test}-\overline{|E^*|_{test}})(|E^*|_{predict}-\overline{|E^*|_{predict}})}{\sqrt{\sum(|E^*|_{test}-\overline{|E^*|_{test}})^2 \sum(|E^*|_{predict}-\overline{|E^*|_{predict}})^2}} \tag{4.37}$$

表 4.4 沥青砂浆动态模量主曲线拟合参数

| 材料 | $\delta$ | $\alpha$ | $\beta$ | $\gamma$ | 相关系数 |
|---|---|---|---|---|---|
| 沥青砂浆 | 1.28 | 10.11 | 1.52 | −0.50 | 0.999 5 |
| | $\lg(\alpha_{T=-10°})$ | $\lg(\alpha_{T=5°})$ | $\lg(\alpha_{T=20°})$ | $\lg(\alpha_{T=50°})$ | |
| | 8.27 | 5.35 | 3.13 | −1.27 | |

按照表 4.4 所示的拟合结果，对图 4.10 中各温度下的动态模量曲线进行移位，得到最终的动态模量主曲线，如图 4.11 所示。

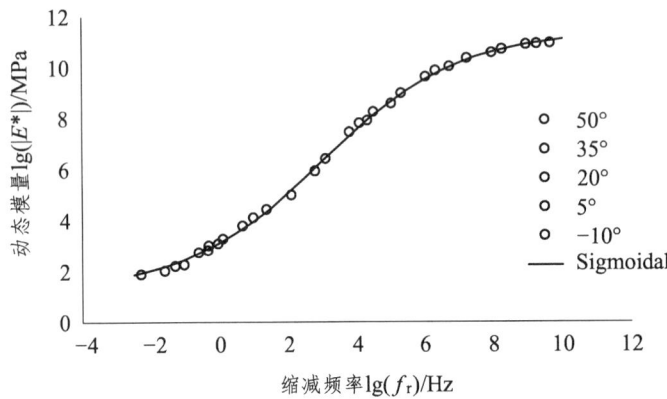

图 4.11 沥青砂浆 35 ℃ 下动态模量主曲线

将 Sigmoidal 模型中得到的移位因子代入 WLF 中，按照式（4.2）拟合求解 WLF 模型中的参数，最终结果为：$C_1 = 27.62$，$C_2 = 191.93$，$col = 0.996$，具体如图 4.12 所示。

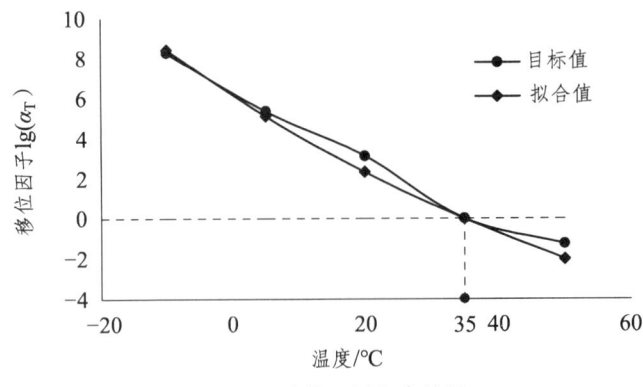

图 4.12 移位因子拟合结果

### 4.2.3 沥青砂浆离散松弛时间谱

按照 4.1.1.4 节中的方法，本节将利用所得沥青砂浆频域内动态模量对时域内松弛模量进行求解，具体转换方法为结合 Prony 级数的离散谱法。目前研究表明：松弛时间谱是黏弹性材料的基本特征，可用于描述黏弹性材料的所有行为响应，其基本数学形式是松弛模量与时间的函数[23]。

通常使用广义 Maxwell 模型对沥青基材料的线性黏弹行为进行描述，因此本节利用广义 Maxwell 模型的 Prony 级数形式对沥青砂浆的松弛行为进行表征，如式（4.13）所示。式（4.13）中，长期模量 $E_\infty$、子模型松弛时间 $\rho_i$ 以及松弛模量 $E_i$ 通过拟合动态模量主曲线的 Prony 级数形式获得，见式（4.14）~式（4.16）。最终拟合结果如图 4.13 所示。

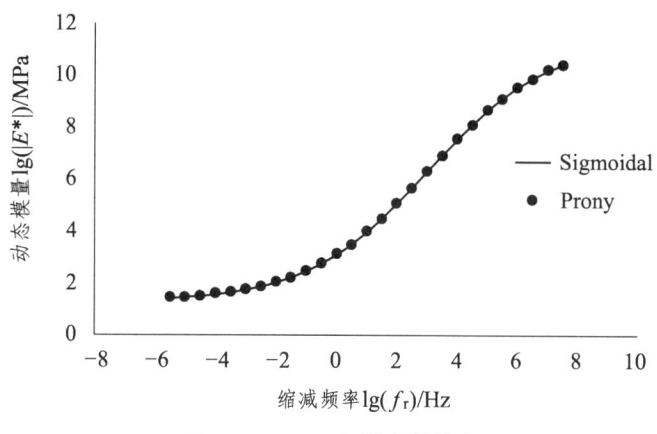

图 4.13 Prony 级数参数拟合

根据拟合结果，广义 Maxwell 模型的 Prony 级数形式中共包含子模型 12 个，相关系数 0.999 9，所形成的离散松弛时间谱见表 4.5。

表 4.5 沥青砂浆离散松弛时间谱

| $E_\infty$/MPa | | 27.8 |
|---|---|---|
| $i$ | $\rho_i$/s | $E_i$/MPa |
| 1 | $1.00 \times 10^{-7}$ | 2 051.3 |

续表

| $E_\infty$/MPa | | 27.8 |
|---|---|---|
| 2 | $1.00 \times 10^{-5}$ | 4 973.7 |
| 3 | $1.00 \times 10^{-5}$ | 7 261.5 |
| 4 | $1.00 \times 10^{-4}$ | 5 048.2 |
| 5 | $1.00 \times 10^{-3}$ | 2 604.0 |
| 6 | $1.00 \times 10^{-2}$ | 1 405.4 |
| 7 | $1.00 \times 10^{-1}$ | 1 316.6 |
| 8 | 1.00 | 1 448.9 |
| 9 | $1.00 \times 10$ | 248.0 |
| 10 | $1.00 \times 10^2$ | 123.9 |
| 11 | $1.00 \times 10^3$ | 61.6 |
| 12 | $1.00 \times 10^4$ | 38.3 |

将表 4.5 所示的沥青砂浆离散松弛时间谱代入广义 Maxwell 中 [见式（4.13）]，即可得到沥青砂浆在时域内的离散松弛谱，如图 4.14 所示。

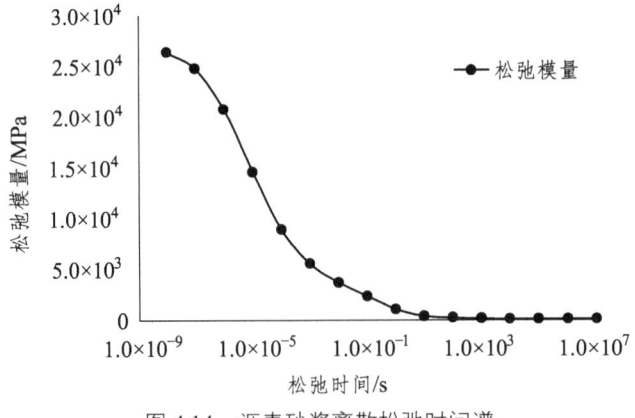

图 4.14 沥青砂浆离散松弛时间谱

利用表 4.3 以及图 4.14 所示的沥青砂浆离散松弛时间谱可以对沥青砂浆在时域内的黏弹行为进行描述，相关广义 Maxwell 模型在 4.4 节中将作为沥青砂浆的材料参数输入有限元模型中，用于模拟沥青砂浆在开裂中的黏弹行为。

## 4.3 不同水分含量下的沥青砂浆半圆弯曲开裂试验

沥青混凝土可以认为是沥青砂浆与粗集料的混合物，因此开裂通常发生在沥青砂浆自身以及沥青砂浆与集料的界面处，无论哪个位置处的开裂均与沥青砂浆自身的黏结有关。因此，本节将利用半圆弯曲试验以及有限元模型对沥青砂浆的开裂进行分析。

与 4.2.1 节中类似，用于测试的半圆试件尺寸如图 4.15 所示。

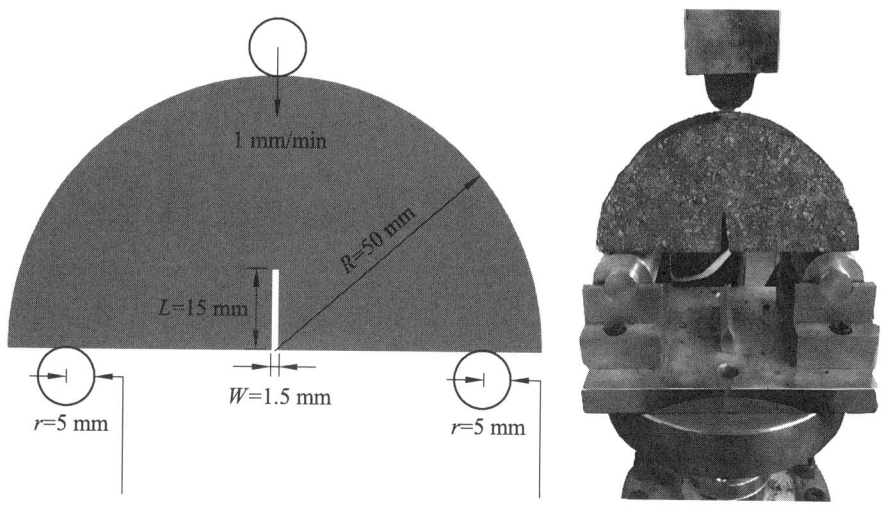

图 4.15　沥青砂浆半圆弯曲试验

将试件放置于恒温恒湿温度箱中进行水分扩散处理，将处理后试件放置于 UTM 上进行半圆弯拉试验。试验采用的三点弯曲的支座与压条均为圆柱形，直径为 10 mm，两支座中心间距为 80 mm，试验温度为室温，压头向下加载速度为 1 mm/min。加载至荷载响应为零时试验终止。

为得出沥青砂浆内部水分含量对沥青砂浆开裂的影响，本节采用相对水分扩散环境对沥青砂浆试件进行水分扩散处理，分别在 20 ℃、75%RH 环境箱中保存 5 d、15 d、25 d、75 d 以及 100 d。将取出的试件密封，以防止水分蒸发，随后将试件在 5 ℃ 温度下保存 4 h，进行半圆弯曲试验。试验结果如图 4.16 所示。

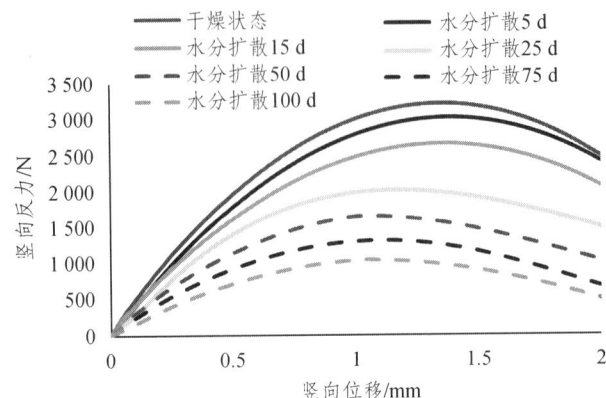

图 4.16　不同水分扩散处理时间后沥青砂浆半圆弯曲试验结果

由图 4.16 可知，随着沥青砂浆试件水分扩散时间的增加，其半圆弯曲试验获得的力-位移曲线逐渐降低。这说明水分进入沥青砂浆试件后降低了沥青砂浆内部的黏结力，导致沥青砂浆对荷载抗力的减弱。此外，环境中的水分在扩散作用下不断进入沥青砂浆试件，水的润滑作用会导致材料在受荷载时产生软化，产生图 4.16 中的竖向反力随竖向位移的变化趋势不断放缓的现象，是典型的弱化效应。将在水分扩散 0 d（干燥状态）~ 100 d 的各沥青砂浆试件的破坏荷载以及对应位移列于表 4.6。

表 4.6　不同水分扩散时长的沥青砂浆半圆试验荷载-位移结果

| 水分扩散环境暴露时长/d | 破坏荷载/kN | 破坏位移/mm |
| --- | --- | --- |
| 0 | 3.21 | 1.42 |
| 5 | 3.01 | 1.36 |
| 15 | 2.65 | 1.31 |
| 25 | 2.01 | 1.17 |
| 50 | 1.64 | 1.03 |
| 75 | 1.31 | 1.0 |
| 100 | 1.04 | 0.98 |

从表 4.6 中可以发现，随着沥青砂浆试件在水分扩散环境中暴露时长的增加，最大反力及其对应的位移均逐渐减小，说明了长期水分扩散降低了沥青砂浆自身的黏结力，导致其对荷载的抗力下降，加速了裂纹的产生。

综合图 4.16 与表 4.6 的结果，可以得出：当沥青路面长期暴露在水分扩散环境中时，水分不断扩散进入沥青混凝土，导致沥青砂浆的黏结强度下降。这样，一方面会弱化其自身的性能；另一方面沥青砂浆作为将不同粒径粗集料黏结的胶合材料，其黏结强度下降会导致沥青砂浆与集料的黏附性能出现弱化，从而导致沥青混凝土整体性与力学性能衰减，影响沥青路面的耐久性。为了量化长期水分扩散对材料黏结力的影响，通过将配置黏聚力模型的有限元分析与本节的试验结果相对应，建立水分扩散时长、水分浓度以及黏结力下降三者之间的关系，得到 4.1.3 节中的水分扩散-力学耦合演化模型，详细内容见 4.4 节。

## 4.4 基于黏聚力模型的沥青砂浆半圆试验模拟

本章节利用通用有限元软件 ABAQUS 对沥青砂浆的半圆弯曲试验进行模拟，通过调整 4.1 节中黏聚力模型的模型参数，使模拟结果与 4.3 节中不同水分扩散时间的沥青砂浆半圆弯曲试验结果相匹配，获得不同水分扩散时间的黏结（附）力变化趋势，再根据水分扩散时间与水分含量的关系，对水分含量与黏结（附）力的关系进行求解，最终实现对水分扩散-力学耦合演化模型的求解与校正。

### 4.4.1 沥青砂浆黏弹本构参数

本章 4.2 节对沥青砂浆的线性黏弹行为进行了建模与分析，获得了沥青砂浆的离散松弛时间谱。在 ABAQUS 中同样需要定义材料的线性黏弹行为，但输入参数为基于剪切松弛试验的剪切模量 $G(t)$。因此，需要在线性黏弹范围内对压缩松弛模量 $E(t)$ 进行转换。二者之间的转换关系见式（4.38）：

$$G(t) = \frac{E(t)}{2(1+\mu)} \quad (4.38)$$

式中：$G(t)$——剪切松弛模量（简称"剪切模量"），MPa；

$E(t)$——压缩松弛模量，MPa；

$\mu$——泊松比，无量纲，对于沥青砂浆通常取 0.35。

本节使用的广义 Maxwell 模型如图 4.17 所示。

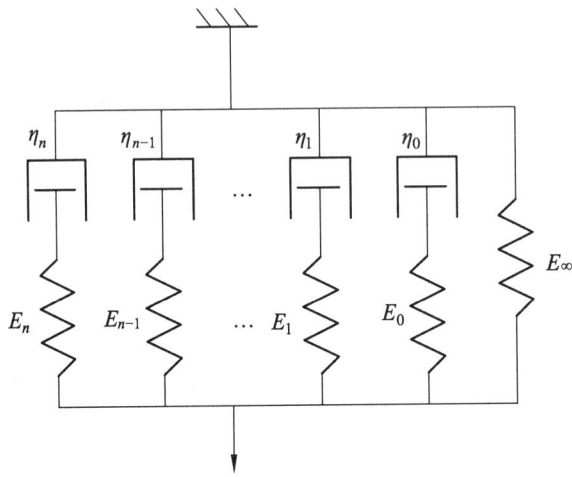

图 4.17 ABAQUS 中的广义 Maxwell 模型

由广义 Maxwell 模型定义的剪切模量具有两种不同的 Prony 级数，分别为长期模量形式[式（4.39）]与瞬态模量形式[见式（4.40）]：

$$G(t) = G_0 \left[ \alpha_\infty + \sum_{i=1}^{N} \alpha_i \exp\left(-\frac{t}{\tau_i}\right) \right] \quad (4.39)$$

$$G(t) = G_0 \left[ 1 - \sum_{i=1}^{N} g_i \exp\left(-\frac{t}{\tau_i}\right) \right] \quad (4.40)$$

式中：$G_0$——瞬态剪切模量，为 $t=0$ 时的 $G(t)$ 值，MPa；

$\alpha_\infty$——瞬态模量与长期模量的转换系数（长期模量 $G_\infty$ 为 $t=\infty$ 时的 $G(t)$ 值），无量纲；

$\alpha_i$——长期模量形式下第 $i$ 个单元的剪切模量，MPa；

$t$——加载时间，s；

$\tau_i$——图中第$i$个单元的权重，也称为松弛时间，s；

$g_i$——瞬态模量形式下第$i$个单元的剪切模量，MPa。

在 ABAQUS 内置算法中 $g(t)$ 使用的瞬态模量形式，对式（4.40）进行变形，得到式（4.41）：

$$g(t) = \frac{G(t)}{G_0} = 1 - \sum_{i=1}^{N} g_i \exp\left(-\frac{t}{\tau_i}\right) \quad (4.41)$$

对比式（4.39）与式（4.13），不难发现，由长期模量表示的 $G(t)$ 在数值上与 $E(t)$ 相同，因此可根据离散松弛时间谱（表 4.5），将求得的 $G(t)$ 作为目标值，对式（4.41）进行拟合即可求解出满足 ABAQUS 内置算法的沥青砂浆线性黏弹本构参数，结果如图 4.18 所示。

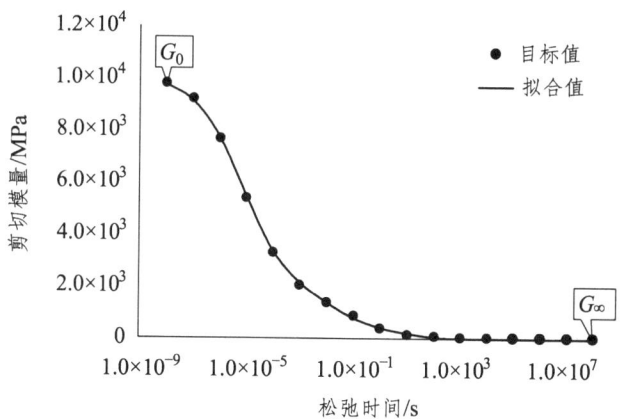

图 4.18 沥青砂浆剪切模量拟合结果

得到的沥青砂浆本构参数见表 4.7

表 4.7 沥青砂浆离散剪切松弛时间谱（$G_\infty$ =31.5 MPa）

| $i$ | $\tau_i$ /s | $g_i$ /MPa |
| --- | --- | --- |
| 1 | $1.00 \times 10^{-7}$ | 0.090 128 03 |
| 2 | $1.00 \times 10^{-6}$ | 0.149 737 57 |

续表

| $i$ | $\tau_i$/s | $g_i$/MPa |
| --- | --- | --- |
| 3 | $1.00 \times 10^{-5}$ | 0.292 614 92 |
| 4 | $1.00 \times 10^{-4}$ | 0.180 481 86 |
| 5 | $1.00 \times 10^{-3}$ | 0.096 040 26 |
| 6 | $1.00 \times 10^{-2}$ | 0.070 535 15 |
| 7 | $1.00 \times 10^{-1}$ | 0.060 166 42 |
| 8 | 1.00 | 0.025 889 54 |
| 9 | $1.00 \times 10$ | 0.021 803 29 |
| 10 | $1.00 \times 10^2$ | 0.011 386 66 |
| 11 | $1.00 \times 10^3$ | 0.000 516 26 |
| 12 | $1.00 \times 10^4$ | 0.000 382 9 |

在 ABAQUS 中，黏弹本构模型见式（4.42）：

$$\sigma = \int_0^t 2G(t-\tau)\frac{d\varepsilon}{d\tau}d\tau + I\int_0^t K(t-\tau)\frac{dU}{d\tau}d\tau \qquad (4.42)$$

式中：$G$——剪切模量，MPa；

$K$——体积模量，MPa；

$U$——材料体积变化，无量纲。

在本节中不考虑沥青砂浆的体积模量，输入参数为 0。

## 4.4.2 沥青砂浆半圆弯曲有限元模型构建

由于沥青胶浆实际厚度很小，主要作用是提供黏结（附）力，故在有限元模拟中不对其进行实体建模，而是使用零厚度黏聚力单元代表。本节根据半圆试验的试件及夹具尺寸构建了有限元模型，如图 4.19 所示。

4 水分扩散导致性能弱化的量化表征与建模分析

(a) 半圆试验中模型尺寸

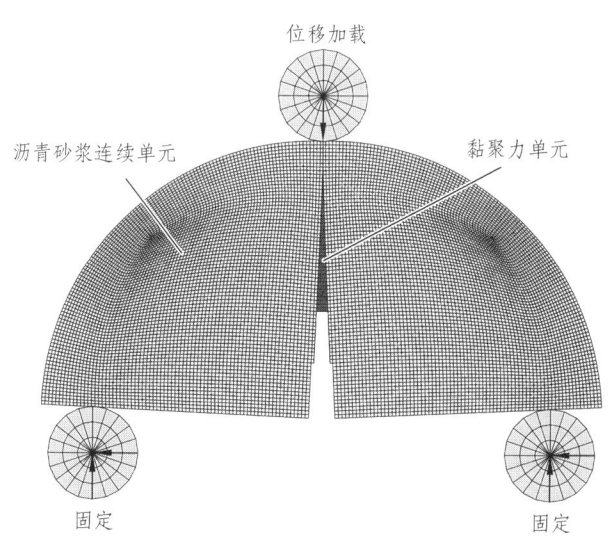

(b) 有限元模型

图 4.19 有限元模型生成

如图 4.19(b) 所示,将构建的沥青砂浆半圆试件进行单元划分,使用四节点平面应变减缩积分单元(CPE4R)对沥青砂浆半圆模型进行离散。随后在开裂区插入零厚度黏聚力单元用于模拟开裂，单元类型为四节点黏聚力单元（COH2D4）。三个圆形压头均设为刚体。在边界条件设置中，将下方两个圆柱形支座完全固定，上方圆柱形压头沿试件法线方向施加向下的大小为 1 mm/min 的竖向位移，其余方向完全固定。另外，夹具与沥青砂浆试件存在接触问题，本节中定义法向接触为硬接触，切向接触类型为罚函数，摩擦系数为 0.03。由于沥青砂浆可以近似为均质材料，因此沥青砂浆的半圆试验可以近似为平面应变问题，应力分布不随厚度方向发生改变，但支反力会随厚度发生变化，为了符合真实半圆试验的过程，获取较为精确的力-位移关系，在模型中设置了平面应变厚度，为 25 mm。为了获得完整的试验过程并且满足 1 mm/min 的真实加载速度，在模型分析步中设置了共计 120 s 的时长，在荷载中设置了共计 2 mm 的位移边界。

### 4.4.3 收敛性及虚假屈服问题

尽管黏聚力模型取得了很大的成功，但当进行隐式有限元分析或采用真实黏聚力单元时，不可避免地会有数值收敛性及虚假屈服。显式有限元法不需要对切线刚度矩阵进行估值就可以用来求解边值问题，但当采用隐式方法时，出现数值收敛问题，用来估计切线刚度矩阵的黏聚力法则斜率（$\partial T_n / \partial \delta_n$）会随着法向张开位移的增加而增加，从正值变为负值，如图 4.20 所示。此类问题在黏聚力单元被粘贴于预定义线上的情况下较为罕见，然而，当大量黏聚力单元被粘贴于某一区域且开裂路径不明确时，通常会出现数值收敛性问题。在这样的情况下，本章节采用预切缝的半圆试验，对开裂路径进行预测，并在预测的路径上插入黏聚力单元，在很大程度上缓解了收敛性问题。

外部黏聚力模型（Extrinsic CZM）可以自适应地插入黏聚力单元，而内部黏聚力模型由于峰前斜率一定存在虚假屈服。为了解决黏聚力模型屈服问题，以简单的一维问题为例，其包含体块与黏聚力单元，如图 4.21 所示。

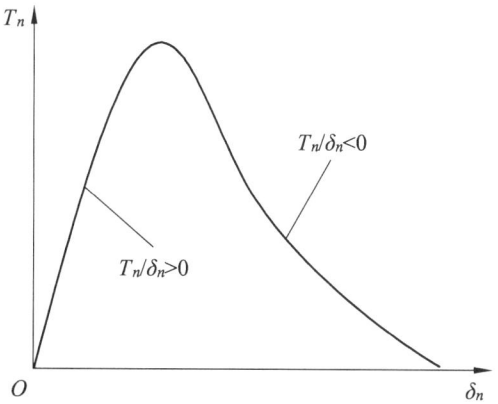

图4.20 黏聚力模型中的黏结力-位移关系

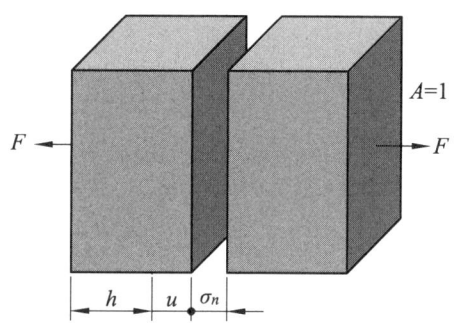

$F$—力；$h$—材料体的长度；$u$—材料体的伸长；$\delta_n$—两黏聚力单元之间的位移；
$A$—力$F$施加的表面面积。

图4.21 黏结力单元示意

假设该体系处于平衡状态，则可得式（4.43）：

$$E\varepsilon = k\delta_n \tag{4.43}$$

式中：$E$——弹性模量，MPa；

$\varepsilon$——材料体的应变，无量纲；

$k$——两黏聚力表面位移与相应拉力之间的常数比值，即刚度，无量纲。

有效模量是指包含材料实际变形所计算得到的模量，具体见式（4.44）。

$$E_\mathrm{e} = \frac{\sigma}{\varepsilon_\mathrm{tot}} \tag{4.44}$$

其中，$\varepsilon_\mathrm{tot}$表示材料的实际位移（包含变形量与位移），其计算公式为

$$\varepsilon_{\text{tot}} = \frac{u + \delta_n}{h} \tag{4.45}$$

将式（4.43）与式（4.45）代入式（4.44）可得有效模量最终表达，即

$$E_e = E\varepsilon \frac{h}{u+\delta_n} = E \frac{h}{h+\frac{E}{k}} = E\left[1 - \frac{1}{1+\frac{kh}{E}}\right] \tag{4.46}$$

式（4.46）说明，随着 $k$ 的增加，$E_e$ 逐渐趋近于 $E$，峰前斜率导致的黏聚力屈服可以忽略不计。式（4.46）进一步展开，可以发现，式（4.46）产生这一现象的原因是 $k$ 增加导致黏聚力单元变形对全局变形响应的影响下降，因此虚假屈服现象变弱。故为避免产生虚假屈服现象，本节中所定义的 $k$ 值相对较大。

### 4.4.4　有限元模拟结果

最终交付 ABAQUS 计算的沥青砂浆连续单元的材料参数见表 4.3 开裂路径上黏聚力单元的材料参数见表 4.7，有限元模拟的沥青砂浆半圆弯曲如图 4.22 所示。图 4.22 展示了半圆弯曲过程中黏聚力单元的刚度下降标量值（Scalar Stiffness Degradation，SDEG），该值用于表示黏聚力单元的刚度下降情况（具体详见 4.1.2 节），其取值范围为 0～1。当 $SDEG=0$ 时，表明黏聚力单元未发生损伤；当 $SDEG=1$ 时，表明黏聚力单元完全损伤。

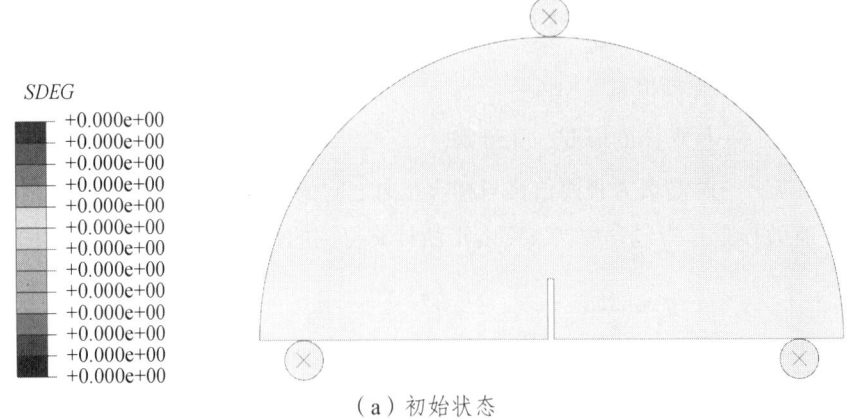

（a）初始状态

4 水分扩散导致性能弱化的量化表征与建模分析

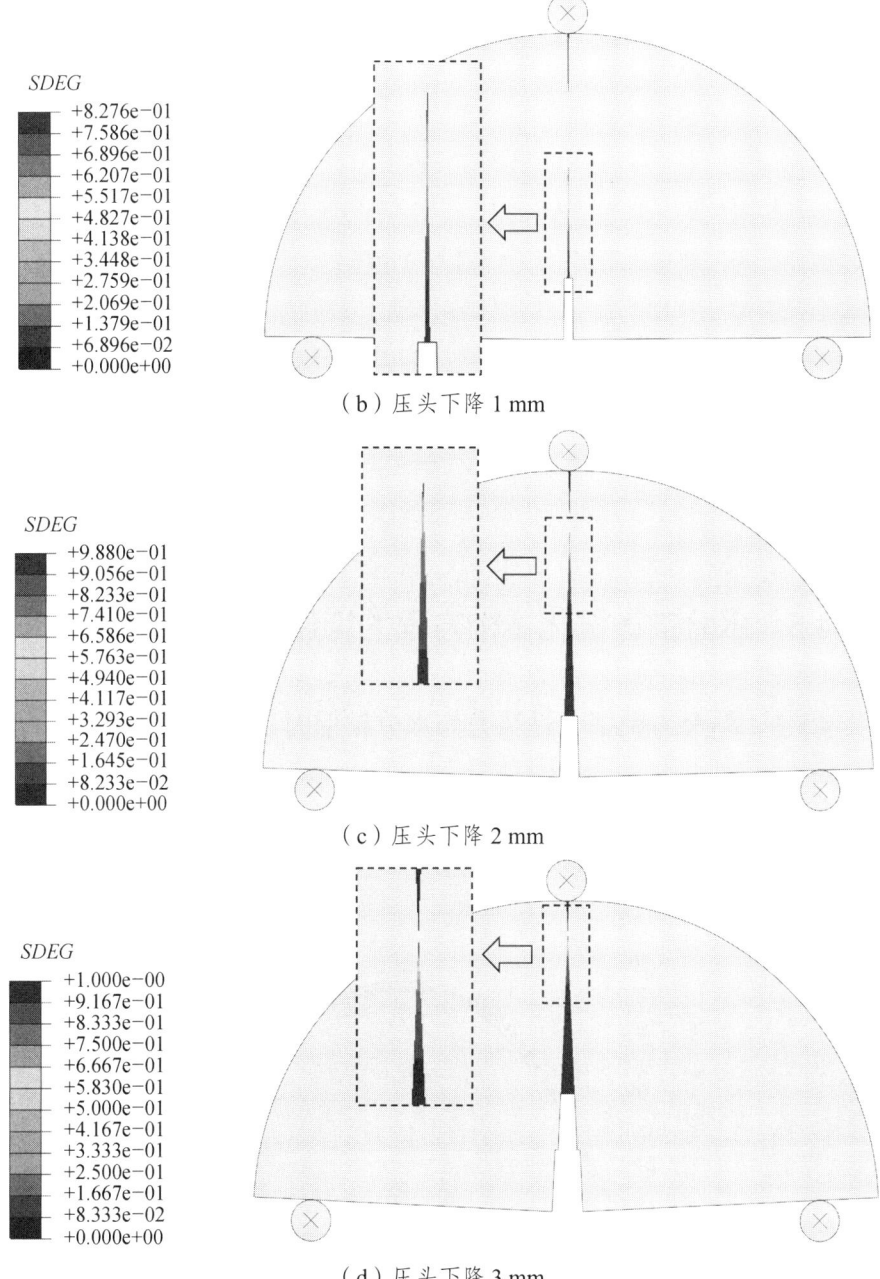

(b) 压头下降 1 mm

(c) 压头下降 2 mm

(d) 压头下降 3 mm

图 4.22 沥青砂浆半圆弯曲有限元模拟结果

从图 4.22 不难发现，随着压头下压位移的增加，半圆试件下边缘受拉应力逐渐增大，导致位于预切缝顶部的黏聚力单元最早出现损伤破坏现象。这说明裂纹起始于预切缝顶部附近。随着下压位移的继续增加，损伤区逐渐上移，如图 4.22（b）~（d）的黑色虚线框所示，表明裂纹不断向上发展。图 4.22 所示模拟结果与真实情况相符，说明有限元模拟具有一定的可靠性。

因此，为了获得水分扩散-力学耦合演化模型，在 4.5 节中将沥青砂浆半圆弯曲的有限元计算结果与试验结果相匹配，得到随水分扩散时长变化的黏聚力模型参数——黏结力 $T(t)$。再利用第 2 章中介绍的方法对半圆试件中扩散路径上的水分浓度进行求解，得到 $C(t)$。最终利用 4.1.2 节中介绍的水分扩散-力学耦合演化模型框架，建立 $T(t)$ 与 $C(t)$ 之间的关系，达到量化长期水分扩散影响的研究目的，完成水分扩散-力学耦合演化模型的构建。

## 4.5 水分扩散弱化本构方程的构建

### 4.5.1 黏聚力模型中黏结力与水分扩散时长的关系

为获得能够与半圆弯曲试验结果相吻合的有限元模型，本节采用试算法，即不断调整黏聚力模型参数，使得模拟结果与试验结果的差值达到最小，进而对有限元模型进行校正。结果如图 4.23 所示。

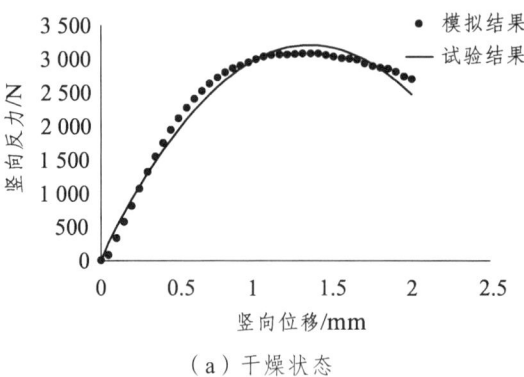

（a）干燥状态

4 水分扩散导致性能弱化的量化表征与建模分析

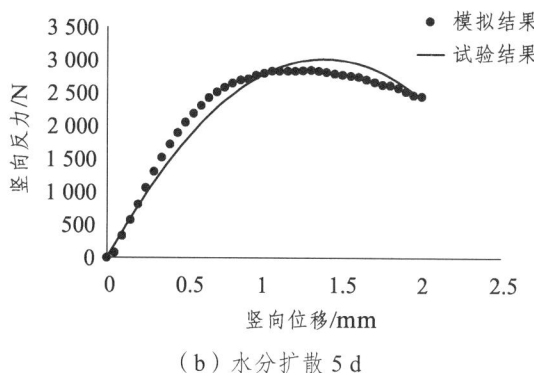

（b）水分扩散 5 d

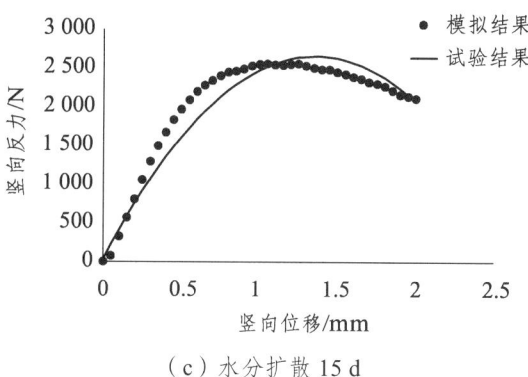

（c）水分扩散 15 d

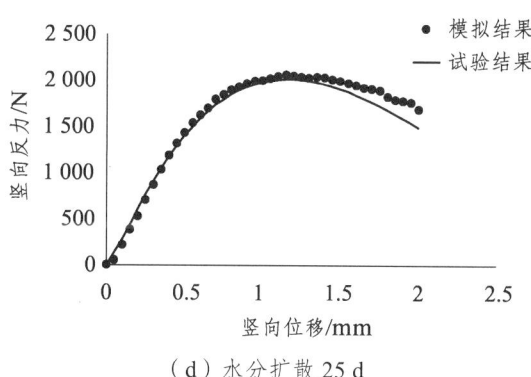

（d）水分扩散 25 d

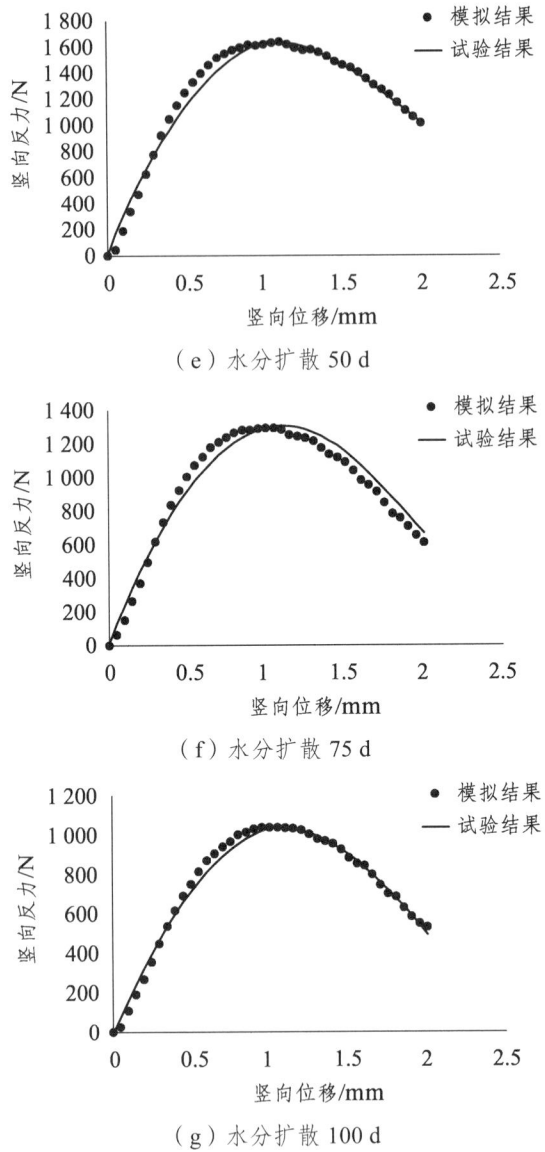

(e）水分扩散 50 d

(f）水分扩散 75 d

(g）水分扩散 100 d

图 4.23 不同水分扩散时长下沥青砂浆半圆弯曲试验与有限元模拟对照

由图 4.23 可知，有限元模拟获得的竖向力与位移关系与半圆弯曲试验获得的结果十分接近，说明有限元模拟具有一定的可靠性。由此获得的不同水分扩散时长下黏聚力模型参数见表 4.8。

# 4 水分扩散导致性能弱化的量化表征与建模分析

表4.8 不同水分扩散时长下的黏聚力模型参数

|  | 黏结力 $T$ /MPa | 断裂能 $G$ /(kJ/m$^2$) |
| --- | --- | --- |
| 干燥 | 3.10 | 5.8 |
| 水分扩散环境暴露 5 d | 2.69 | 5.5 |
| 水分扩散环境暴露 15 d | 2.45 | 4.8 |
| 水分扩散环境暴露 25 d | 2.22 | 3.8 |
| 水分扩散环境暴露 50 d | 2.18 | 2.5 |
| 水分扩散环境暴露 75 d | 2.07 | 1.8 |
| 水分扩散环境暴露 100 d | 2.01 | 1.6 |

## 4.5.2 水分扩散-力学耦合演化模型求解

根据 4.1.3 节中的水分扩散-力学耦合演化模型，采用第 2 章提出的模型与方法，求解出半圆试件沿径向的水分浓度分布情况，从而获得水分浓度与扩散时间之间的关系。接着，根据 4.4.4 节中获得的黏聚力模型参数，可以得到扩散时间与黏结力之间的关系。由于水分浓度与黏结力均为时间的函数，因此以扩散时间为中间变量，即可获得水分浓度与黏结力的关系。

根据第 2 章求得的沥青砂浆扩散系数，利用空间离散方法可获得沿扩散路径的水分浓度分布情况，如图 4.24 所示。

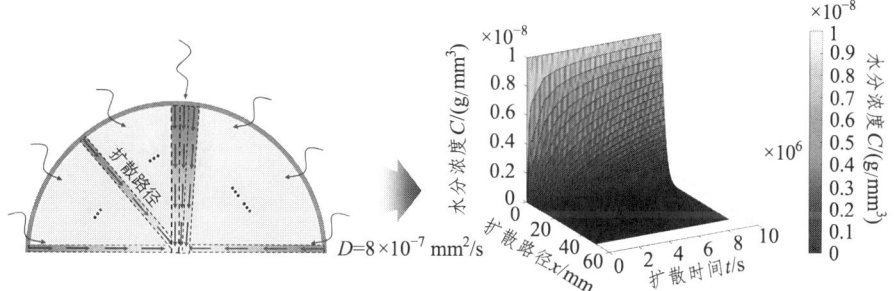

图 4.24 水分扩散环境中沥青砂浆半圆试件沿扩散路径水分浓度分布

将水分浓度 $C(x,t)$ 沿 $x$ 方向积分，得到半圆试件内部（不包含与水分接触边界)扩散路径上随时间的水分浓度变化,具体如图 4.25 所示。

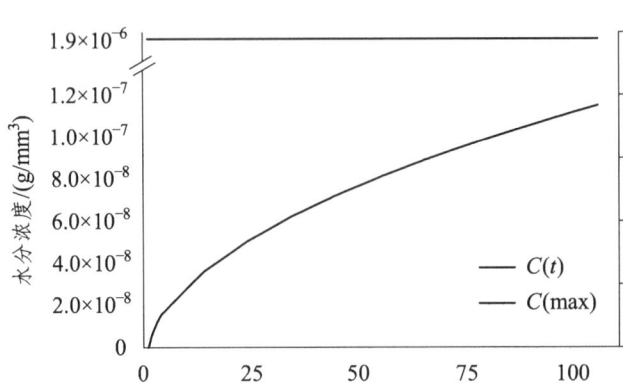

图 4.25　沥青砂浆试件内部水分浓度随时间变化

若将沥青砂浆视作均匀性材料,则图 4.25 所示的水分浓度可以代表试件整体水分含量。根据图 4.25 的结果,可以得出沥青砂浆试件在 5 d、15 d、25 d、50 d、75 d、100 d 水分扩散之后的水分含量,进而根据水分扩散弱化演化方程获得该水分含量下的沥青砂浆黏结强度,利用表 4.8 中经过校正后的黏结力对 4.2.3 节中的式(4.29)进行求解,结果如图 4.26 所示。

$$C(t) = \int_l C(x,t)\mathrm{d}x \qquad (4.47)$$

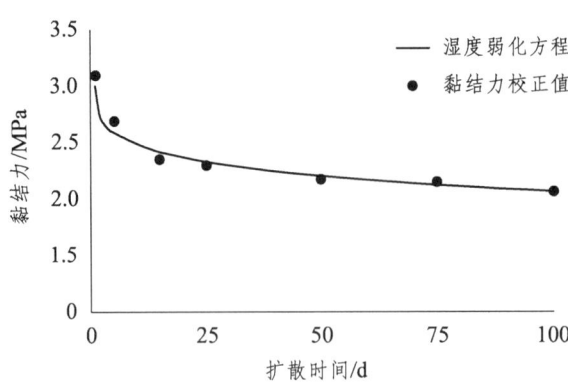

图 4.26　水分扩散-力学耦合演化模型求解结果

最终得到的沥青砂浆在 20 ℃、75%RH 中的水分扩散-力学耦合演化模型的系数 $k^i \approx 1.56$，则式（4.29）最终为

$$\frac{T^i_{(t)}}{T^i_0} = 1 - \left\{1 - \exp\left[-1.56\sqrt{\frac{C_\theta(x,t)}{C_\theta^{\max}}}\right]\right\}; \quad i = a, c \quad (4.48)$$

根据式（4.48），绘制出沥青砂浆中微粒间的黏结力在 20 ℃、75%RH 环境中随水分含量增加的降低趋势图，如图 4.27 所示。

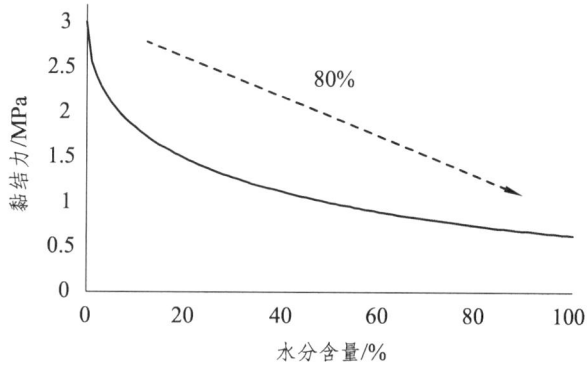

图 4.27 水分扩散-力学耦合演化模型中描述的黏结力与水分含量的关系

由图 4.27 可知，沥青砂浆中，微粒间的黏结力随水分含量呈现先快后慢的下降趋势，当沥青砂浆中水分含量达到 100%（水分扩散达到平衡状态）时，沥青砂浆中微粒间的黏结力下降 80%。因此，根据本章提出的水分扩散-力学耦合演化模型，当沥青混凝土处于平衡水分扩散状态时，其内部各微粒间的黏结力下降约 80%。相关研究表明，密级配沥青混凝土的强度除了来源于其内部各微粒间的黏结力外，还有集料间的机械咬合力，以及嵌挤力等[24]。因此，黏结力下降并不能完全代表沥青混凝土宏观强度的降低。具体研究及分析将在第 5 章详细讨论。本章的主要目的是提出沥青砂浆水分扩散-力学耦合演化方程，该方程会在第 5 章用于沥青混凝土有限元建模分析，以模拟不同水分扩散场作用下沥青混凝土的开裂行为。

### 4.5.3　水分扩散环境暴露时长对沥青砂浆拉应力强度的影响

沥青砂浆半圆弯曲试验在试件上产生典型的双向应力状态，顶面受压，底面受拉。产生开裂的主要原因是试件中的拉应力，根据构建的水分扩散-力学耦合演化模型对 0~100 d 水分扩散时长的沥青砂浆半圆弯曲试验进行有限元分析，输出压头下压 2 mm 时的试件内拉应力分布（图 4.28），以对长期水分扩散影响下沥青砂浆的应力分布状态进行分析。

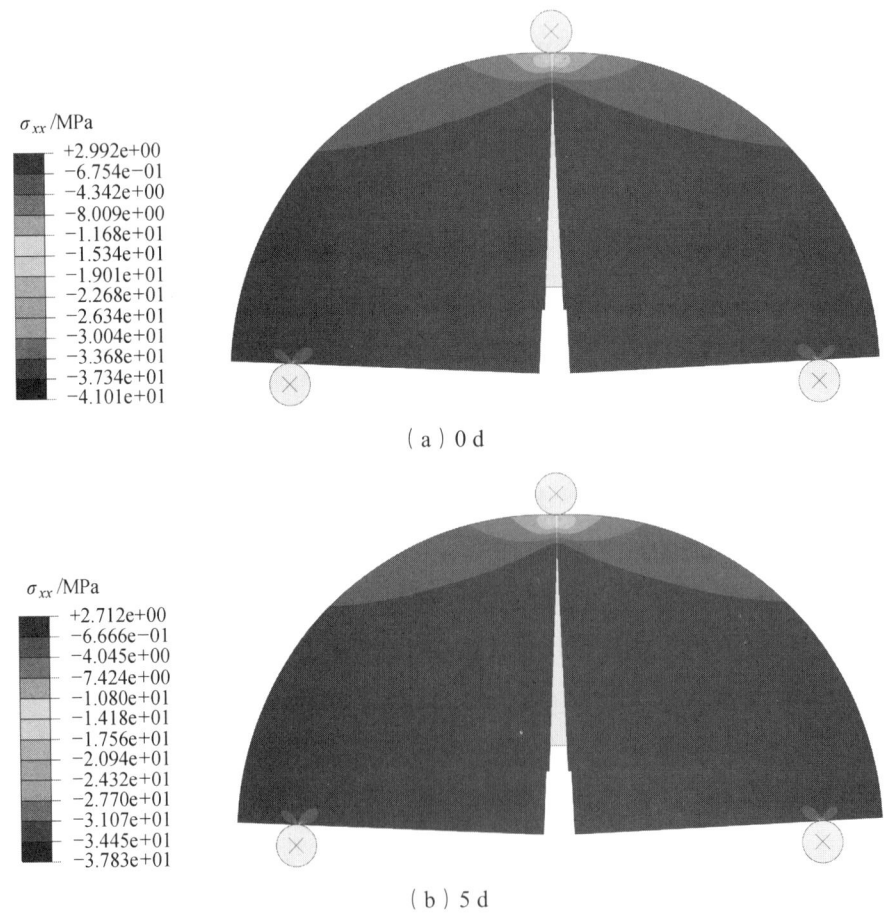

(a) 0 d

(b) 5 d

4 水分扩散导致性能弱化的量化表征与建模分析

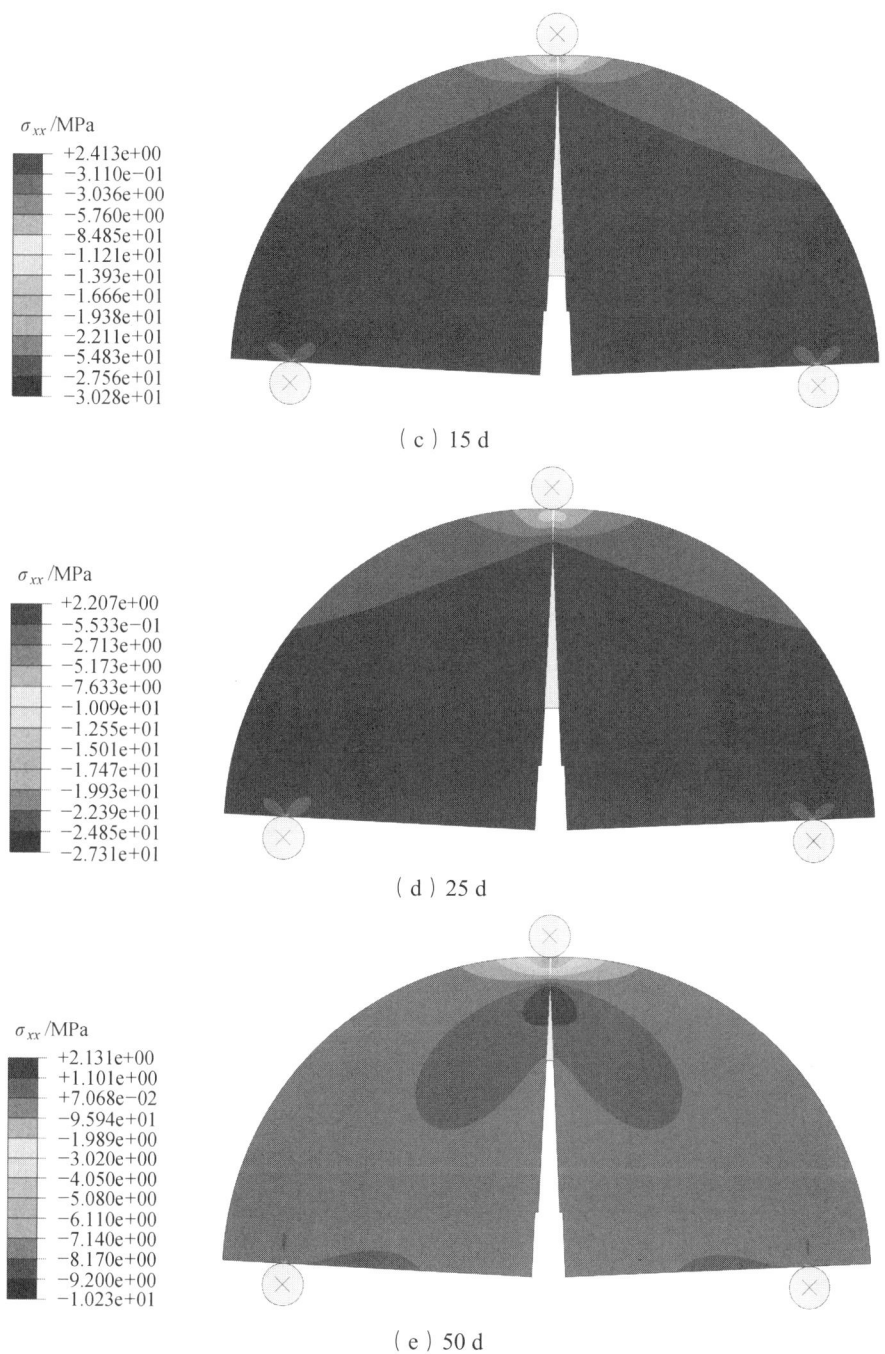

(c) 15 d

(d) 25 d

(e) 50 d

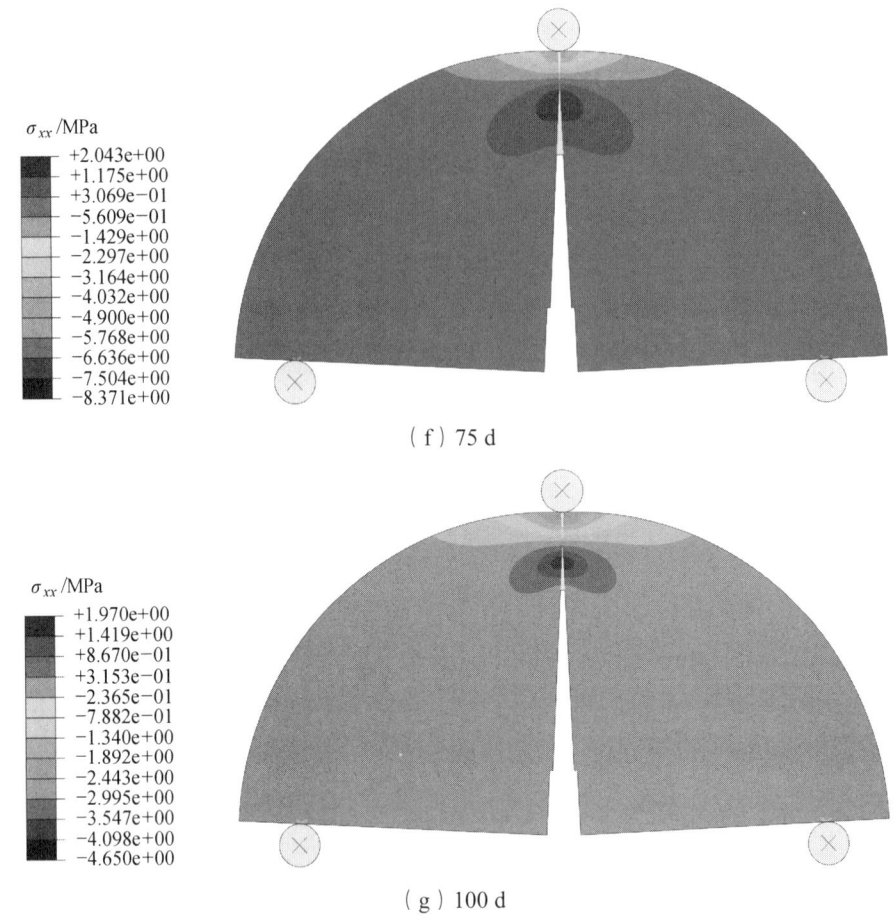

图4.28 不同水分扩散时间的沥青砂浆试件拉应力分布

从图4.28可以发现,水分扩散时长不会对沥青砂浆半圆试件水平应力集中位置产生影响。在图4.28(a)~(g)中,拉应力峰值均集中在裂纹尖端,这一情况与断裂力学中的应力分布相同,同时证明了有限元模型的可靠性。此外,随着沥青砂浆试件在水分中暴露时间的增加,拉应力峰值逐渐降低,说明沥青砂浆半圆试件的抗力随着在水分中暴露时间的增加而减小,该结论与半圆试验的得到的结果类似。另外,在图4.28中可以明显地观察到,在相同的位移边界条件作用下,水分扩散时间较长的沥青砂浆试件开裂更加明显,开裂路径的宽度也随之增大,说明长期的水分扩散加速了沥青砂浆的开裂。

## 4.6 本章小结

本章主要对长期水分扩散作用下的沥青混凝土内部黏结（附）力下降进行了量化，本书分别开展了基于广义 Maxwell 模型与黏聚力模型的沥青胶浆半圆弯曲有限元模拟，以及不同水分含量下的砂浆半圆弯曲试验。通过调整模拟中的黏结力输入使模拟结果与试验结果相匹配，最终得到能够代表不同水分含量状态下沥青砂浆内部的黏结力，并以此为终值利用最小二乘法对水分扩散-力学耦合演化模型进行求解与校正。具体结论如下：

（1）众多研究成果表明，线性黏弹性模型可以很好地模拟沥青砂浆的黏弹性为。本章利用所得沥青砂浆频域内动态模量对时域内松弛模量进行求解，结果表明结合 Prony 级数的离散谱法可以较好匹配动态模量试验结果。因此，获得的沥青砂浆离散松弛谱能反映沥青砂浆松弛行为，具有较高的可信度。

（2）不同水分含量沥青砂浆的预切缝半圆弯曲试验结果显示，随着沥青砂浆试件在水分扩散时间的增加，力-位移曲线逐渐降低。这说明水分进入沥青砂浆试件后降低了沥青砂浆内部的黏结力，导致沥青砂浆对荷载抗力的减弱。此外，水的润滑作用会导致材料在承受荷载时产生的竖向反力降低，并随着竖向变形增加不断减缓，这是典型的弱化效应。

（3）通过不断调整 SCB 有限元模拟中黏结力的大小，将半圆弯曲试验与有限元模拟获得的荷载位移曲线相匹配，结果表明，校准后的黏结力可以在一定程度上代表水分扩散暴露环境中沥青砂浆中的黏结力弱化现象。

（4）调整黏结力大小后的沥青砂浆半圆弯曲有限元模拟结果显示，随着沥青砂浆试件在水分中暴露时间的增加，拉应力峰值逐渐降低，说明沥青砂浆半圆试件的抗力随着在水分中暴露时间的增加而减小。该结论与半圆试验的得到的结果一致。

（5）基于水分含量与黏结力随扩散时间的数学关系，利用最小二乘原理对 MMEM 中核心参数进行求解，最终 $k \approx 10.32$。该模型后续将用于沥青混凝土有限元建模分析中，用于量化不同水分扩散场作用下沥青混凝土内部黏结（附）下降。

## 本章参考文献

［1］ DU C, SUN Y, CHEN J, et al. Analysis of cohesive and adhesive damage initiations of asphalt pavement using a microstructure-based finite element model[J]. Construction and Building Materials, 2020, 261: 119973.

［2］ SUN Y, DU C, ZHOU C, et al. Analysis of load-induced top-down cracking initiation in asphalt pavements using a two-dimensional microstructure-based multiscale finite element method[J]. Engineering Fracture Mechanics, 2019, 216: 106497.

［3］ HUANG Y H. Pavement analysis and design[M]. Upper Saddle River: Pearson Prentice Hall, 2004.

［4］ 赵延庆, 黄大喜, 潘有强. 利用虚应变分析沥青混合料的粘弹性质[J]. 重庆交通大学学报（自然科学版）, 2008, 2: 236-239.

［5］ PAINTER P C, COLEMAN M M. Fundamentals of polymer science: an introductory text[M]. London: Routledge, 2019.

［6］ WITCZAK M, FONSECA O. Revised predictive model for dynamic (complex) modulus of asphalt mixtures[J]. Transportation Research Record, 1996, 1540(1): 15-23.

［7］ ZHU H, SUN L, YANG J, et al. Developing master curves and predicting dynamic modulus of polymer-modified asphalt mixtures[J]. Journal of Materials in Civil Engineering, 2011, 23(2): 131-137.

［8］ TSCHOEGL N W. The phenomenological theory of linear viscoelastic behavior: an introduction[M]. Berlin: Springer Science & Business Media, 2012.

［9］ KIM Y-R. Cohesive zone model to predict fracture in bituminous materials and asphaltic pavements: state-of-the-art review[J]. International Journal of

Pavement Engineering, 2011, 12(4): 343-356.

[10] SONG S H, PAULINO G H, BUTTLAR W G. A bilinear cohesive zone model tailored for fracture of asphalt concrete considering viscoelastic bulk material[J]. Engineering Fracture Mechanics, 2006, 73(18): 2829-2848.

[11] GUIDE A A U S. Abaqus analysis user's guide, Abaqus 6.14; Dassault Systèmes Simulia Corp[M]. 2014.

[12] KRAJCINOVIC D, FANELLA D. A micromechanical damage model for concrete[J]. Engineering Fracture Mechanics, 1986, 25(5-6): 585-596.

[13] KRINGOS N, SCARPAS A, COPELAND A, et al. Modelling of combined physical–mechanical moisture-induced damage in asphaltic mixes Part 2: moisture susceptibility parameters[J]. International Journal of Pavement Engineering, 2008, 9(2): 129-151.

[14] HOSSAIN M I. Modeling moisture-induced damage in asphalt concrete[D]. Albuquerque: The University of New Mexico, 2013.

[15] KRINGOS N, SCARPAS A, DE BONDT A. Determination of moisture susceptibility of mastic-stone bond strength and comparison to thermodynamical properties[C]. In 2008 Annual Meeting of the Association of Asphalt Paving Technologists, AAPT, Philadelphia, PA, 2008. 435-478.

[16] AL-RUB R K A, MASAD E, GRAHAM M A, Physically based model for predicting the susceptibility of asphalt pavements to moisture-induced damage[R]. Southwest Region University Transportation Center, Texas Transportation Institute, Texas A & M University System, 2010.

[17] SHAH B D. Evaluation of moisture damage within asphalt concrete mixes[D]. College Station: Texas A&M University, 2004.

[18] TONG Y, LUO R, LYTTON R L. Moisture and aging damage evaluation of asphalt mixtures using the repeated direct tensional test method[J]. International Journal of Pavement Engineering, 2015, 16(5): 397-410.

[19] TONG Y, LUO R, LYTTON R L. Modeling water vapor diffusion in pavement and its influence on fatigue crack growth of fine aggregate mixture[J]. Transportation Research Record, 2013, 2373(1): 71-80.

[20] 交通运输部公路科学研究院. 公路工程沥青及沥青混合料试验规程：JTG E20—2011[S]. 人民交通出版社, 2011.

[21] 交通部公路科学研究所. 公路沥青路面施工技术规范：JTG F40—2004[S]. 人民交通出版社, 2009.

[22] AASHTO. TP 79-15 Standard method of test for determining the dynamic modulus and flow number for asphalt mixture using the asphalt mixture performance tester[S]. Washington, DC: American Association of State Highway and Transportation Officials, 2015.

[23] FINDLEY W N, DAVIS F A. Creep and relaxation of nonlinear viscoelastic materials[M]. Chelmsford: Courier Corporation, 2013.

[24] 吕泉. 沥青与集料粘附性评价方法研究[D]. 上海：同济大学, 2018.

# 5 水分扩散作用下沥青混凝土宏观开裂特征

沥青路面长期暴露在水分扩散环境中，会在扩散作用下不断累积水分。本书第 4 章提出了描述水分扩散对黏结（附）力下降影响的量化方法，即水分扩散-力学耦合演化模型。该模型表明沥青混凝土中黏结（附）力会随内部水分含量增加而降低，导致沥青混凝土的性能发生弱化，进而引发宏观损坏。

沥青路面的开裂是由于外界荷载（行车荷载、温度梯度等）超过沥青混凝土自身所能承受的最大抗拉强度，导致沥青混凝土局部发生微观损伤，出现微观裂纹。随着外界荷载的进一步施加，这些微观损伤以及裂纹相互结合、连通，形成宏观裂纹。不难发现，沥青混凝土内部黏结（附）强度的强弱决定了宏观裂纹的出现。因此，结合第 3 章对沥青混凝土中水分扩散过程的有限元建模分析与第 4 章提出的水分扩散-力学耦合演化模型（MMEM），本章采用基于顺序耦合的多物理场耦合方法对沥青混凝土在长期水分扩散以及荷载共同作用下的开裂行为进行分析。其中，5.1 节总结了本章所需的材料本构模型（MMEM 以及广义 Maxwell、黏聚力模型等）；5.2 节介绍有限元模型构建以及计算的相关设置；5.3 节介绍了模型参数并对模型进行验证；5.4 节对通过后处理分别对计算结果进行分析；5.5 节分别从裂纹起始与扩展、水平拉伸应力集中、最大荷载反力以及损伤分布四方面对沥青混凝土在长期水分扩散环境中的开裂行为演化进行了分析；5.6 节以上海地区沥青路面为例，对沥青路面极限服役期内性能衰减进行预测。本章研究思路如图 5.1 所示。

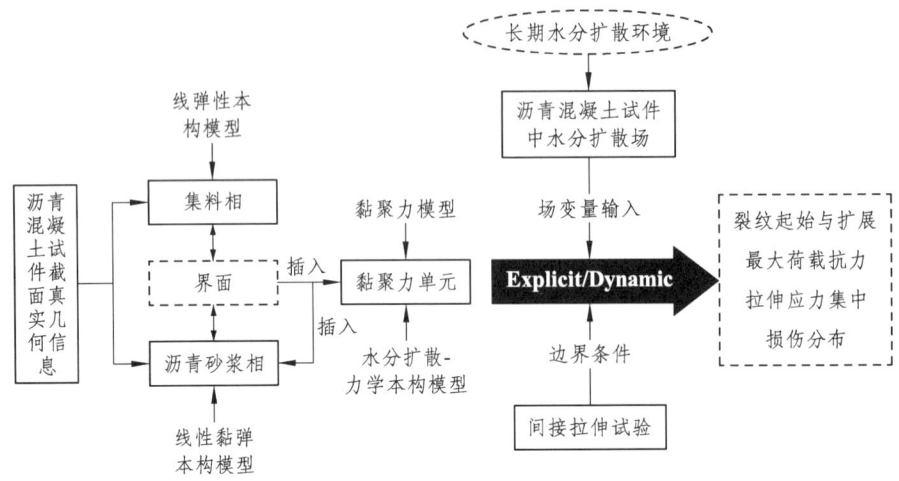

图 5.1　第 5 章研究思路

## 5.1　水分扩散-力学耦合演化模型

### 5.1.1　水分扩散弱化本构关系

根据连续损伤力学（Continuum Damage Mechanics，CDM），提出了水分扩散-力学耦合演化模型。CDM 提出了损伤和未损伤应力张量的关系可以定义为一个包含损伤变量 $D$ 的式子：

$$\sigma = (1-D)\bar{\sigma} \tag{5.1}$$

式中：$\bar{\sigma}$——有效（未损伤）应力张量，Pa；

$\sigma$——名义（损伤）应力张量，Pa。

在这样一个框架中，水分扩散对黏附力及黏结力的影响，以及他们之间的相互转化，可以通过定义一个总损伤变量的方法进行量化：

$$d = 1-(1-d^a)(1-d^c) \tag{5.2}$$

式中：$d$——总水分扩散损伤变量，无量纲；

$d^a$——内部损伤变量，表示水分扩散对集料-砂浆黏附强度的弱化效果，无量纲；

$d^c$——另一个内部变量，表示砂浆-砂浆黏聚强度的弱化效果，无量纲。

因此，为了模拟水分浓度对沥青混凝土材料特性的损伤，定义损伤方程为[1]

$$d^i(\theta) = f^i(\theta) ; \quad i = a,c \tag{5.3}$$

式中：$\theta$——名义水分含量，无量纲，定义为某时刻水分浓度 $C_\theta(x,t)$ 与可容纳最大水分浓度 $C_\theta^{\max}$ 的比。

上标 $i$ 既可以是黏附损伤 $a$，也可以是黏结损伤 $c$。

因此，材料可以按照式（5.4）吸收水分：

$$\theta(x,t) = \frac{C_\theta(x,t)}{C_\theta^{\max}}, \quad 0 \leqslant \theta \leqslant 1 \tag{5.4}$$

根据 Kringos 等[1]的研究，沥青混凝土黏附/黏聚强度可以定义为一个名义水分含量的线性函数。即可以将水分扩散损伤变量与黏附/黏聚强度下降比相关联，这个下降比是由初始干状态下黏附/黏聚强度与水分扩散弱化后的黏附/黏聚强度定义，具体见式（5.5）：

$$\frac{T_{(t)}^i}{T_0^i} = 1 - \left\{1 - \exp\left[k^i \sqrt{\frac{C_\theta(x,t)}{C_\theta^{\max}}}\right]\right\} ; \quad i = a,c \tag{5.5}$$

式中：$T_{(t)}^i$——水分扩散状态下的黏附（黏聚）强度；

$T_0^i$——干状态下的黏附（黏聚）强度。

当全部黏附/黏聚强度损伤殆尽（$T_{(t)}^i = 0$）时，沥青混凝土完全弱化（$d^i = 1$）。

水分扩散-力学耦合演化模型将黏结（附）力下降表示为水分含量的函数。因此，水分含量在研究对象中的演化是求解水分扩散损伤变量的必要条件。Fick 第二定律可以用来确定沥青路面中的水分含量，具体见式（5.6）：

$$\frac{\partial \theta}{\partial t} = D_{\text{diff}} \nabla^2 \theta \tag{5.6}$$

式中：$D_{\text{diff}}$——水分扩散系数，m²/s；

$\nabla$——Laplace 算子，无量纲。

## 5.1.2 线性黏弹本构关系

本书中假设沥青混凝土是一种两相混合物，主要组成为沥青砂浆与集料。沥青砂浆是一种具有线性黏弹关系的材料，Boltzmann 将这种材料属性用式（5.7）进行描述：

$$\sigma(t) = \int_{-\infty}^{t} \frac{d\varepsilon(\tau)}{d\tau} E(t-\tau) d\tau \tag{5.7}$$

式中：$\sigma$——应力，MPa；

$\varepsilon$——应变，无量纲；

$E(t)$——松弛模量，MPa；

$\tau$——积分变量，无量纲。

在过去的研究中一般将 $E(t)$ 用广义 Maxwell 模型进行表征，并且表示为 Prony 级数的形式：

$$E(t) = E_{\infty} + \sum_{i=1}^{n} E_i \exp\left(-\frac{t}{\rho_i}\right) \tag{5.8}$$

式中：$E_{\infty}$——长期松弛模量，MPa；

$n$——广义 Maxwell 模型中 Maxwell 原件的数量，无量纲；

$E_i$——第 $i$ 个原件的松弛模量，MPa；

$\rho_i$——第 $i$ 个原件的松弛时间，s。

式（5.8）中的参数可以通过将动态模量试验数据拟合到下列式（5.9）、式（5.10）、式（5.11）中得到：

$$E'(\omega) = E_{\infty} + \sum_{i=1}^{n} \frac{\omega^2 \rho_i E_i}{1+\omega^2 \rho_i^2} \tag{5.9}$$

$$E'(\omega) = E_{\infty} + \sum_{i=1}^{n} \frac{\omega^2 \rho_i E_i}{1+\omega^2 \rho_i^2} \tag{5.10}$$

$$|E^*(\omega)| = \sqrt{[E'(\omega)]^2 + [E''(\omega)]^2} \tag{5.11}$$

式中：$|E^*(\omega)|$——动态模量，MPa；

$E'(\omega)$——储存模量,MPa;

$E''(\omega)$——损失模量,MPa;

$\omega$——角频率,rad/s。

### 5.1.3 双线性黏聚力本构关系

本书将沥青混凝土模型离散为有限个单元,并在沥青砂浆单元内部以及沥青砂浆与集料的界面单元处插入零厚度的黏聚力单元用于模拟发生在沥青混凝土内部的损伤以及开裂。目前黏聚力模型使用最广的形式是双线性拉伸-分离定律(Traction-Separation Law,TSL)[2],如图5.2所示。

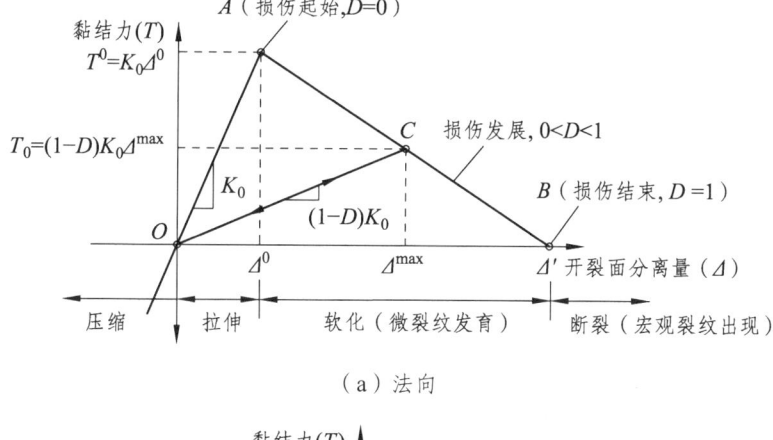

(a)法向

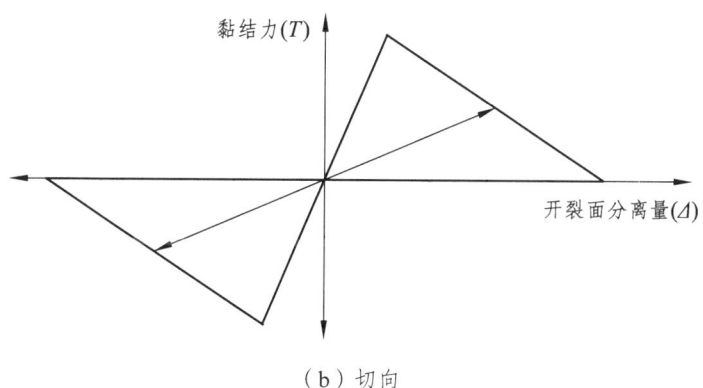

(b)切向

图 5.2 黏聚力模型图形描述

由图 5.2（a）可知，初始材料刚度 $K_0$ 控制拉伸阶段，随着加载的进行，拉力 $T$ 达到其最大值 $T^0$，损伤开始。接下来拉力 $T$ 随着分离量 $\Delta$ 的增加而减小。在曲线的后半段，即图 5.2（a）中的 $AB$ 段，刚度降为 0。这个过程就是应变软化效应，可以用来定义材料在断裂区的行为。当开裂面之间的分离位移降为 0 时，两开裂面完全分离。

TSL 可以用三个参数来控制：拉力 $T$，分离位移 $\Delta$ 以及断裂能 $G$。其中断裂能可以由 TSL 曲线下方所围的面积来计算得到，见式（5.12）：

$$G = \int_0^\Delta T(\Delta)\mathrm{d}\Delta = \frac{1}{2}T^0 \cdot \Delta \tag{5.12}$$

另外，除了上述的三个参数，初始损伤状态以及断裂阈值同样需要定义。对于单一模式的开裂，裂纹起始可以由在这一方向上的断裂阈值来确定，但在实际情况中，断裂往往是混合模式（多个方向开裂同时发生），故开裂可能发生在任意单一模式开裂阈值之前。因此，本书采用包含名义应力比的二次函数形式来对裂纹起始进行定义：

$$\left\{\frac{\langle T_n \rangle}{T_n^0}\right\}^2 + \left\{\frac{T_s}{T_s^0}\right\}^2 + \left\{\frac{T_t}{T_t^0}\right\}^2 = 1 \tag{5.13}$$

其中，下标 $n$ 表示法向应力分量；下标 $s$ 表示面内切向应力分量；下标 $t$ 表示面外切向应力分量；上标 0 表示裂纹起始状态下名义应力；括号"$\langle\ \rangle$"表示排除负值，忽略压力影响。

$$\langle T_n \rangle = \begin{cases} T_n, & T_n \geq 0 \quad \text{受拉} \\ 0, & T_n < 0 \quad \text{受压} \end{cases} \tag{5.14}$$

由于应变软化效应，损伤变量可以由式（5.15）定义：

$$D = \frac{\Delta^{\max}(\Delta' - \Delta^0)}{\Delta'(\Delta^{\max} - \Delta^0)} \tag{5.15}$$

式中：$\Delta^{\max}$ ——完全失效时的实际最大分离量，无量纲；

$\Delta'$ ——加载过程中的实际最大分离量，无量纲；

$\Delta^0$ ——损伤起始时的有效分离量，无量纲。

损伤变量的取值范围为 0~1。考虑到损伤状态，加载过程中的拉力可以重写为包含未损伤拉力 $\bar{T}$ 以及损伤变量 $D$ 的方程，见式（5.16）：

$$T = (1-D)\bar{T} \tag{5.16}$$

## 5.2 有限元模型构建

### 5.2.1 模型构建步骤

本书通过高精度相机采集了由旋转压实成型的密级配沥青混凝土的截面几何信息，根据这一几何信息在有限元软件 ABAQUS 中构建了二维有限元模型，如图 5.3 所示。

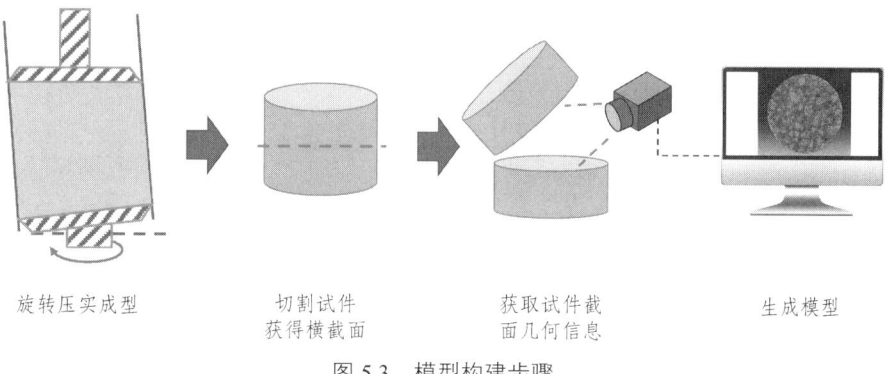

旋转压实成型　　　切割试件　　　获取试件截　　　生成模型
　　　　　　　　获得横截面　　　面几何信息

图 5.3　模型构建步骤

为了提高计算效率，本书将尺寸小于 2.36 mm 的细集料与沥青基底共同视作沥青砂浆建模，由高清图片建模的过程如图 5.4 所示。

### 5.2.2 单元设置

如图 5.5 所示，本书构建了一个直径为 100 mm 的二相圆形有限元模型，其包含沥青砂浆区（相）以及集料区（相），并赋予它们不同的材料属性进行有限元模拟。

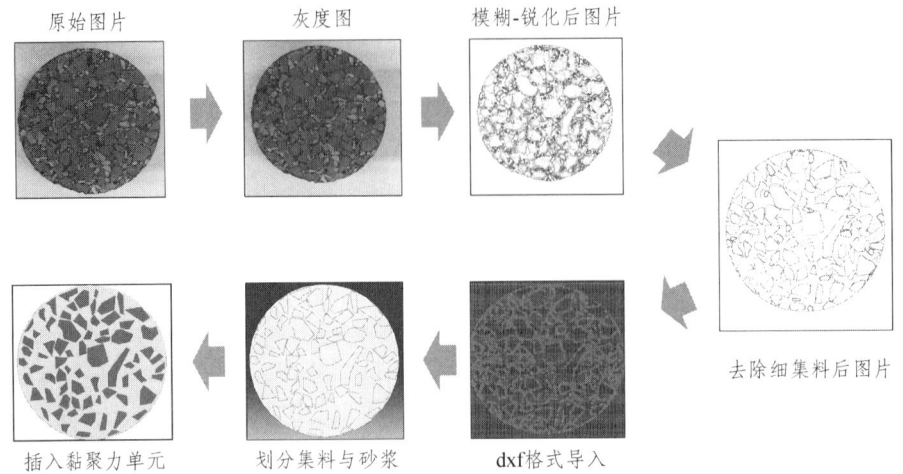

图 5.4　使用沥青混凝土截面真实几何信息构建模型的步骤

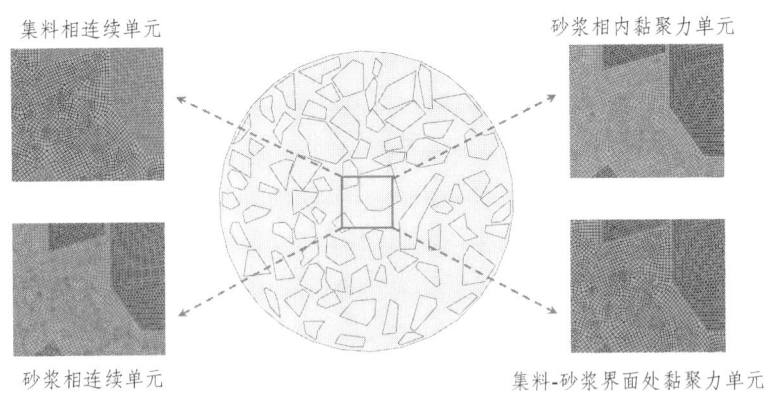

图 5.5　模型中不同单元的分配

为了区分模型中的沥青砂浆及集料,本书使用四节点矩形平面应力减缩积分单元(CPS4R)对沥青砂浆相进行离散,使用三节点三角形平面应力单元(CPS3)对集料相进行离散。接下来,将零厚度的黏聚力单元插入沥青砂浆相的单元之间,代表沥青胶浆作用,用于模拟黏结力损伤及失效。另外,本书也将零厚度的黏聚力单元插入到沥青砂浆与集料界面处,同样代表沥青胶浆作用,用于模拟黏附力损伤以及失效。本书使用的黏聚力单元类型为四节点黏聚力单元(COH2D4)。

### 5.2.3 边界条件

本节采用顺序耦合的方法将水分扩散与沥青混凝土断裂相耦合来对沥青混凝土水分扩散弱化效应的宏观表征进行研究。在计算时,将第 3 章获得的沥青混凝土在上海地区气候特征值下(20 ℃、75%RH)的水分扩散场以场变量的形式导入到 5.2.1 节所构建的模型中。因此在实际计算时,不需要对水分扩散边界条件进行考虑,仅考虑沥青混凝土间接拉伸的力学边界条件。间接拉伸受力模式下的力学边界条件包括圆形试件顶端的竖直位移加载以及底部的完全固定。因此,在进行开裂模拟时,首先固定下方加载条的所有自由度,然后对上方加载条施加 1.5 mm 的位移量作为荷载施加,如图 5.6 所示。

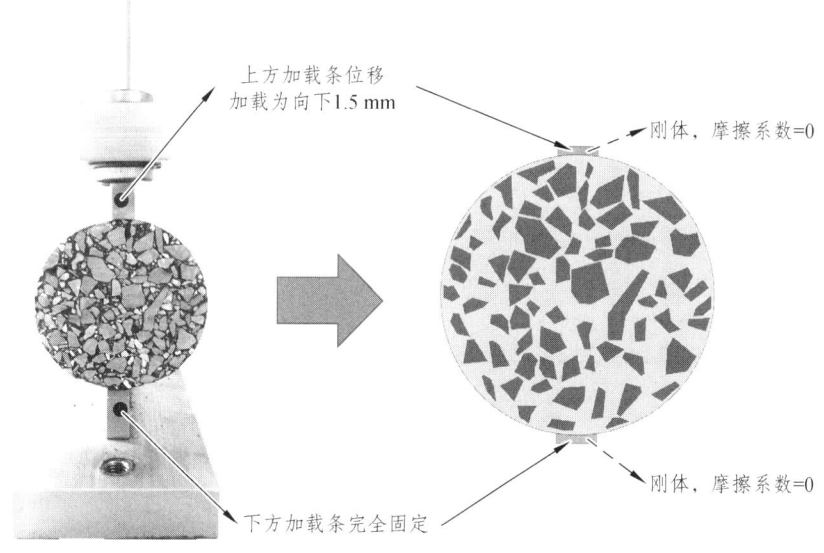

图 5.6　间接拉伸有限元模拟边界条件

## 5.3　模型参数及模型验证

### 5.3.1　模型中的材料属性

本章有限元计算中认为集料是线弹性材料,沥青砂浆是线性黏弹性材料,有限元模型中代表这两种材料的连续单元的材料参数列于表 5.1。

表 5.1 沥青砂浆与集料的材料属性

| | Prony | | $G_0$/MPa | $\mu$ | $\rho$/(t/mm³) |
|---|---|---|---|---|---|
| 沥青砂浆 | $\tau_i$ | $g_i$ | $9.86 \times 10^3$ | 0.35 | $2.5 \times 10^{-9}$ |
| 1 | $1 \times 10^{-7}$ | 0.090 128 03 | | | |
| 2 | $1 \times 10^{-6}$ | 0.149 737 57 | | | |
| 3 | $1 \times 10^{-5}$ | 0.292 614 92 | | | |
| 4 | $1 \times 10^{-4}$ | 0.180 481 86 | | | |
| 5 | $1 \times 10^{-3}$ | 0.096 040 26 | | | |
| 6 | $1 \times 10^{-2}$ | 0.070 535 15 | | | |
| 7 | $1 \times 10^{-1}$ | 0.060 166 42 | | | |
| 8 | $1 \times 10^{0}$ | 0.025 889 54 | | | |
| 9 | $1 \times 10^{1}$ | 0.021 803 29 | | | |
| 10 | $1 \times 10^{2}$ | 0.011 386 66 | | | |
| 11 | $1 \times 10^{3}$ | 0.000 516 26 | | | |
| 12 | $1 \times 10^{4}$ | 0.000 382 9 | | | |
| 集料 | — | — | $5.68 \times 10^4$ | 0.25 | $2.7 \times 10^{-9}$ |

本章假设裂纹起始于沥青砂浆主体中以及沥青砂浆与集料界面处，因此在沥青混凝土模型中的这两个位置插入了零厚度的黏聚力单元。根据第 4 章的研究结果，这些黏聚力单元的黏结强度是随水分含量而变化的，变化规律构成 MMEM。校正后的 MMEM 见式（5.17），如图 5.7 所示。

$$\frac{T^i_{(t)}}{T^i_0} = 1 - \left\{1 - \exp\left[-1.56\sqrt{\frac{C_\theta(x,t)}{C_\theta^{\max}}}\right]\right\}; \quad i = a, c \qquad (5.17)$$

当零厚度黏聚力单元插入位置处的水分浓度达到 $1.99 \times 10^{-6}$ g/mm³ 时，即 20 ℃、75% 环境中的当量水分浓度，零厚度黏聚力单元的黏结强度下降 80%，降为 0.63。沥青混凝土试件中介于 $0 \sim 1.99 \times 10^{-6}$ g/mm³ 之间的任意浓度的黏聚力通过式 4.45 进行计算。将计算后结果以离散点的形式输入有限元模型中，见表 5.2。为了探究裂纹起始的具体位置是位于沥青砂浆内部还是沥青砂浆与集料的界面处，对位于这两处的黏聚力单元的黏聚参数不作差异化处理，均输入表 5.2 中的材料参数。

表 5.2 黏聚力单元参数

| 水分浓度 $C$ / ( g/mm$^3$ ) | 黏结力 $T$ /MPa | 断裂能 $G$ / ( kJ/m$^2$ ) |
| --- | --- | --- |
| 0 | 3.10 | 5.8 |
| $2.5 \times 10^{-9}$ | 1.38 | 2.6 |
| $5 \times 10^{-9}$ | 1.00 | 1.0 |
| $7.5 \times 10^{-9}$ | 0.78 | 0.7 |
| $1 \times 10^{-8}$ | 0.63 | 0.5 |

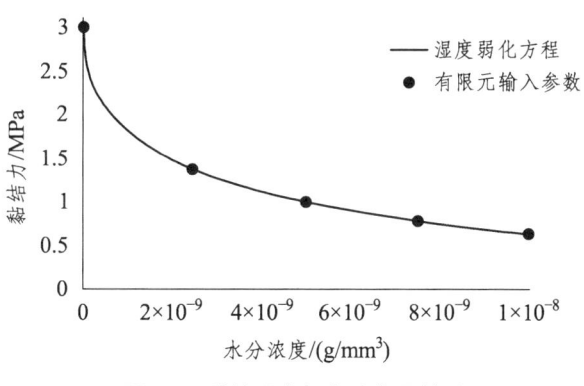

图 5.7 黏结强度与水分含量关系

## 5.3.2 模型验证

本章使用沥青混凝土水分扩散模拟以及沥青混凝土开裂模拟，为了保证本章中所进行计算模拟接近现实情况，需要对模型的材料参数进行验证。其中，沥青混凝土水分扩散模型验证见 3.3 节，沥青砂浆开裂模型验证见 4.5 节，本章不做赘述。

## 5.4 模拟结果

### 5.4.1 沥青混凝土内部水分扩散场演化

本章节选取了 20 ℃、75%RH 环境中未经水分扩散、水分扩散 1 年以及水分扩散 3 年后的沥青混凝土试件，对比了不同水分扩散时间对沥青混凝土内水分扩散场的影响，如图 5.8 所示。

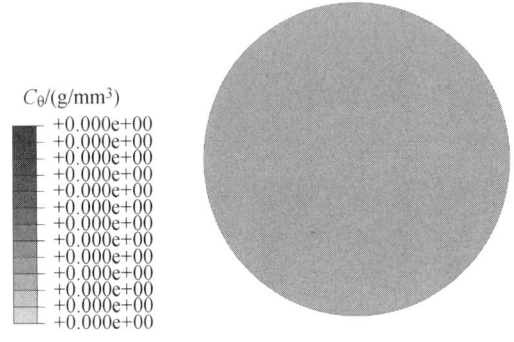

（a）未经水分扩散影响

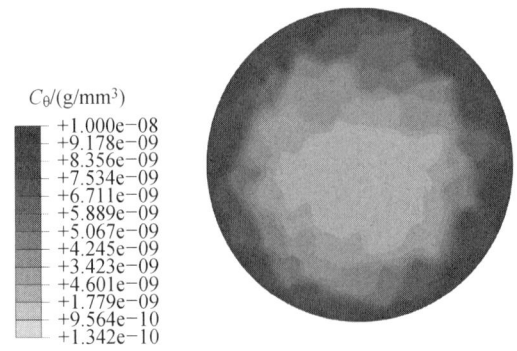

（b）水分扩散 1 年

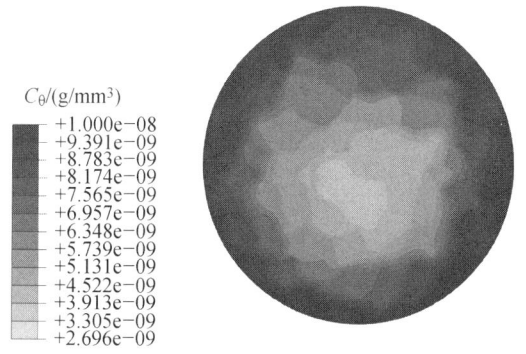

（c）水分扩散 3 年

图 5.8　不同水分扩散时间下沥青混凝土试件内部水分扩散场

从图 5.8 可以观察到明显的水分浓度等水分扩散曲线,造成这一不规则等水分扩散线的原因是设置的粗集料与沥青砂浆的扩散系数不同,这也与水分在集料中扩散较快、在沥青砂浆中扩散较慢的实际情况相吻合。另外,不难发现,水分扩散 140 h 的沥青混凝土试件中的水分扩散场与未经水分扩散沥青混凝土试件中的水分扩散场相比变化较为剧烈,而水分扩散 3 年后试件中的水分扩散场与水分扩散 1 年后试件中水分扩散场相比,变化相对放缓。这一现象与水分扩散速率随扩散时间增加而降低直接相关,说明水分扩散场模拟具有一定的现实意义。

### 5.4.2　水分扩散-断裂顺序耦合模拟

使用顺序耦合的方法对长期水分作用下沥青混凝土的断裂行为进行模拟。先对水分在沥青混凝土中的扩散进行模拟,得到沥青混凝土试件中的水分扩散场,之后通过定义水分扩散-力学耦合演化模型,实现多物理场耦合。沥青混凝土试件间接拉伸受力模式下水分扩散-断裂模拟结果如图 5.9 所示。

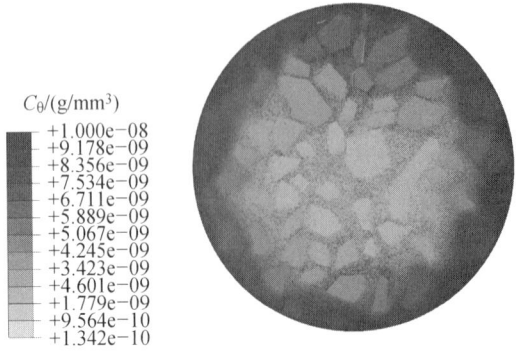

(a)裂纹起始阶段（水分扩散1年）

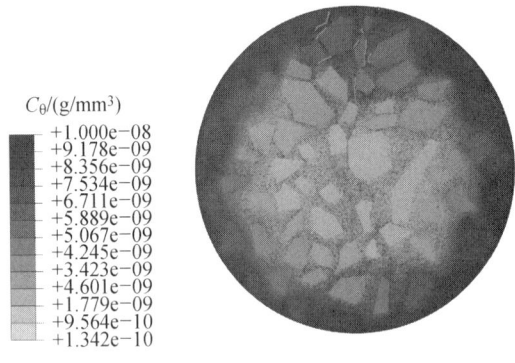

(b)裂纹扩展阶段（水分扩散1年）

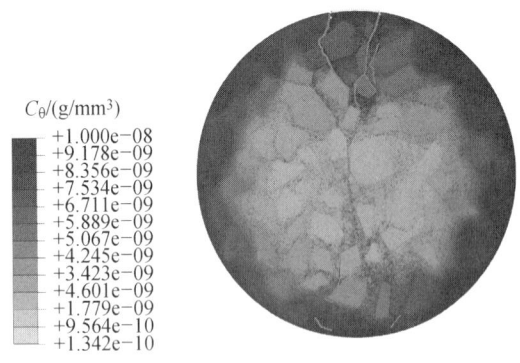

(c)裂纹贯穿阶段（水分扩散1年）

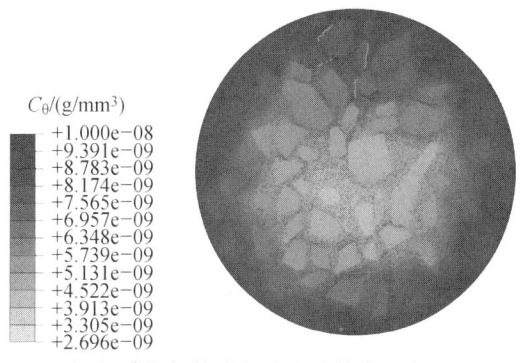

（d）裂纹起始阶段（水分扩散 3 年）

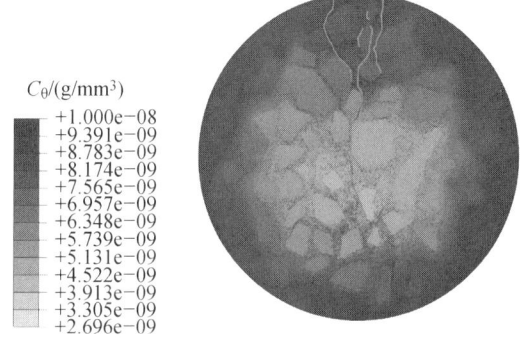

（e）裂纹扩展阶段（水分扩散 3 年）

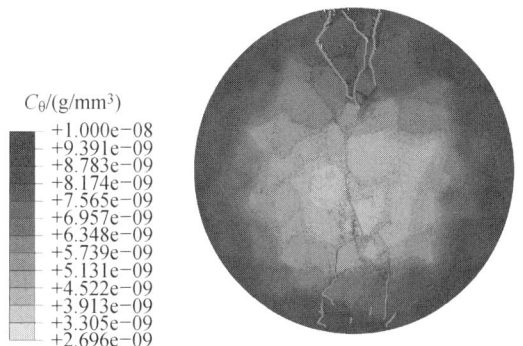

（f）裂纹贯穿阶段（水分扩散 3 年）

图 5.9　沥青混凝土试件间接拉伸受力模式下水分扩散-断裂模拟结果

图 5.9 展示了水分扩散 1 年以及 3 年后沥青混凝土试件内部的断裂行为。不难发现，随着水分扩散处理时间的延长，沥青混凝土试件的抗裂性下降，导致图 5.9（b）、（d）比图 5.9（a）、（c）出现更多的裂纹。根据 5.1.1 节介绍

的水分扩散-力学耦合演化模型，沥青混凝土试件中积累的水分含量越多，其黏结强度越低，因此经水分扩散 3 年的试件比经水分扩散 1 年的试件出现更多的裂纹，证明了本章基于微观尺度所开发的水分扩散-力学耦合演化模型能够在宏观层面较好地工作。此外，图 5.9 中也显示在水分扩散 3 年的试件比 1 年的试件中出现更宽的贯穿裂纹，这也与水分含量的多少直接相关。

## 5.5　长期水分扩散作用下沥青混凝土开裂行为

前 4 章主要研究了沥青混凝土在长期水分扩散作用下的损伤演化，属于微观范畴。本章的主要研究内容是长期水分作用对沥青混凝土宏观开裂的影响。长期水分作用会降低沥青混凝土中产生黏结（附）作用成分之间的黏结强度，水分是沥青混凝土宏观开裂演化的催化剂而不是直接产生裂缝的驱动力。因此，分别从裂纹萌生和扩展、应力集中、最大荷载抗力以及损伤分布四个方面分析水分对沥青混凝土宏观开裂性能的影响。

### 5.5.1　裂纹起始与扩展

图 5.10 显示了在位移荷载作用下沥青混凝土试件的裂纹起始与扩展。本节选择了试件垂直变形量达到 0.25 mm 时为裂纹起始阶段，试件垂直变形量达到 0.5 mm 时为裂纹扩展阶段两个位移量下的试件状态作为裂纹起始与扩展的代表。图 5.10（a）～（c）分别为未经水分扩散、水分扩散 1 年以及 3 年的处于裂纹起始状态的沥青混凝土试件。从图 5.10（a）～（c）中不难发现，当试件垂直变形量达到 0.25 mm 时，无论是否经历水分扩散影响，试件中均出现了沥青砂浆与集料的黏附损伤与沥青砂浆自身的黏结损伤。但是在经过水分扩散 1 年的试件中［图 5.10（b）］，部分黏附损伤已经开始相互聚集、连通，在粗集料与沥青砂浆界面处形成了微观裂纹。而在水分扩散 3 年的试件中［图 5.10（c）］，这一现象更甚，黏附损伤与黏结损伤之间出现了聚集和连通，形成了规模更大的微观裂纹，并出现了沿粗集料与沥青砂浆界面向下发展的趋势。

5 水分扩散作用下沥青混凝土宏观开裂特征

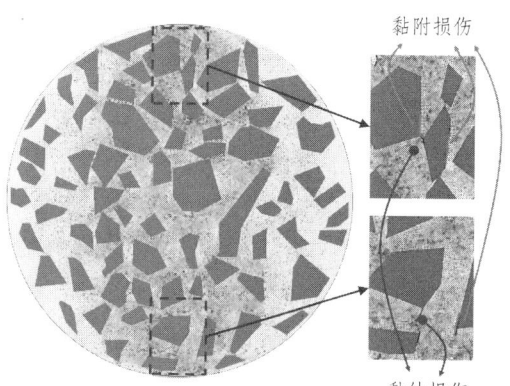

（a）未经水分扩散试件的裂纹起始

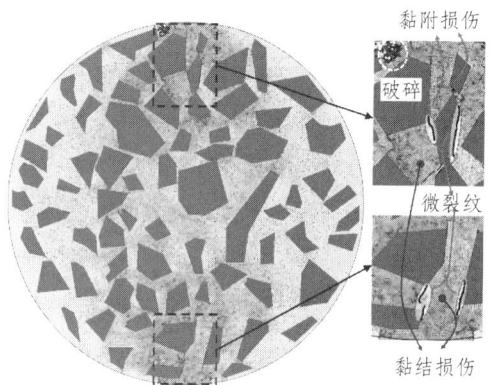

（b）水分环境暴露 1 年试件的裂纹起始

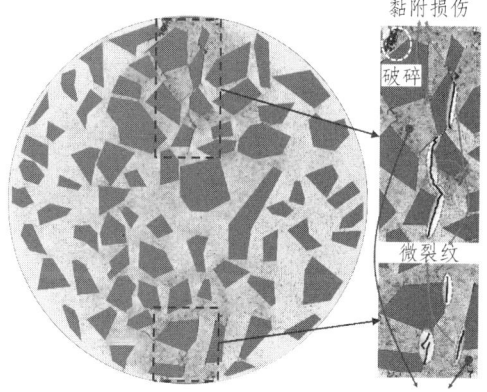

（c）水分环境暴露 3 年试件的裂纹起始

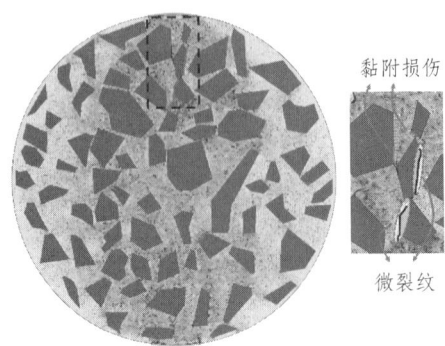

(d)未经水分扩散试件的裂纹扩展

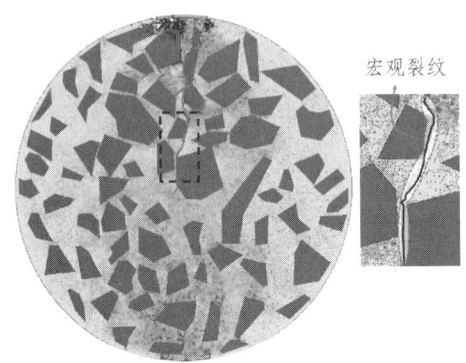

(e)水分环境暴露1年试件的裂纹扩展

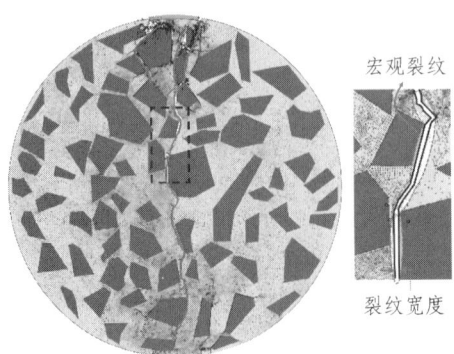

(f)水分环境暴露3年试件的裂纹扩展

图 5.10　沥青混凝土裂纹起始与扩展

图 5.10（a）、（b）与（c）表明随着水分扩散时间的增加，进入到沥青混凝土试件内部的水不断累积，导致沥青砂浆的整体性下降，同时也引起沥青

砂浆与集料的黏附性下降。由此可以得出，长期暴露在水分环境中的试件在荷载下将产生更多的微观损伤与微裂纹。

图 5.10（d）、（e）与（f）分别为未经水分扩散、水分扩散 1 年以及 3 年的处于裂纹扩展状态的沥青混凝土试件。从图 5.10（d）、（e）、（f）可以看出，当试件垂直变形量达到 0.5 mm 时，未经水分扩散与水分扩散 1 年的试件中，宏观裂纹尚未贯穿试件；而在水分扩散 3 年的试件中，宏观裂纹已贯穿试件。另外，对比图 5.10（d）、（e）、（f），试件中的潜在宏观裂纹主路径并不会随水分扩散时间的增加出现较大差异。根据断裂理论，材料的薄弱位置会优先产生损伤并演化为裂纹。因此，通过扩散作用进入沥青混凝土试件中的水并不会直接损伤沥青混凝土的局部，其作用更像是"催化剂"，降低了沥青混凝土的整体性，加速了损伤以及裂纹的产生。另外，图 5.10（d）、（e）、（f）显示，随着水分扩散时间的增加，宏观裂纹长度与宽度均有所增加，这同样证实了长期的水分扩散会降低沥青混凝土中各成分之间的黏结，进而加速裂纹的产生。

由于水分扩散路径为径向由外向内，对沥青混凝土试件的影响程度大小由外向内递减，且间接拉伸试验上下两夹具施加的荷载对试件作用同样为由外至内的影响，因此有必要对间接拉伸夹具作用附近的沥青混凝土损伤与开裂情况进行分析。

图 5.11 展示了经过不同水分扩散历史的沥青混凝土试件的顶部与底部的损伤与开裂情况。

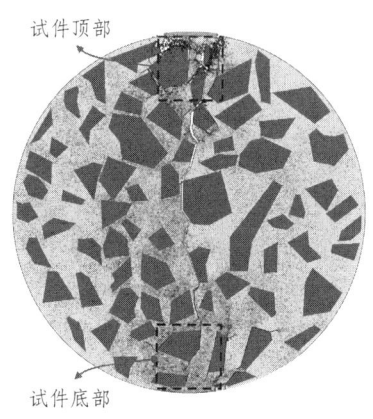

（a）试件局部放大示意

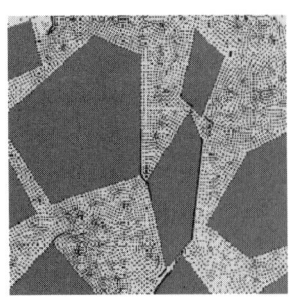  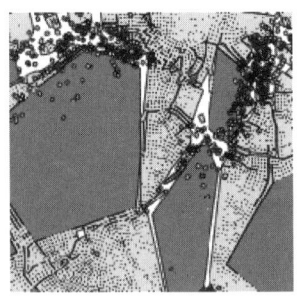

（b）未经水分扩散影响沥青混凝土试件顶部　　（c）水分扩散 1 年沥青混凝土试件顶部　　（d）水分扩散 3 年沥青混凝土试件顶部

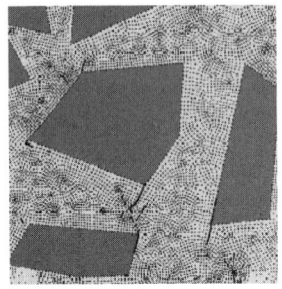 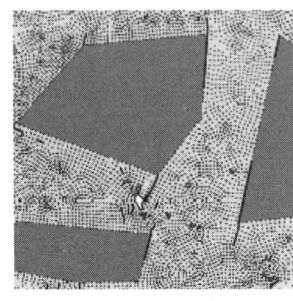 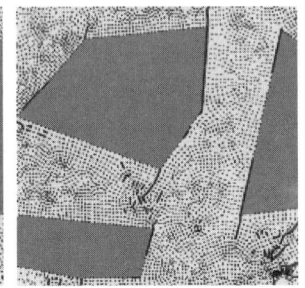

（e）未经水分扩散影响沥青混凝土试件底部　　（f）水分扩散 1 年沥青混凝土试件底部　　（g）水分扩散 3 年沥青混凝土试件底部

图 5.11　裂纹贯穿阶段间接拉伸受力模式下沥青混凝土试件局部裂开情况

对比图 5.11（b）、（c）、（d）可以发现，随着在水分中暴露时间的增加，沥青混凝土试件顶部损坏也逐渐加剧。由于长期水分扩散作用降低了沥青砂浆的黏结强度，因此在荷载的作用下，沥青砂浆失效加快，损伤开裂从未经水分扩散影响的"带"状分布演化为严重的"片"状分布。另外，对比图 5.11（e）、（f）、（g）发现，随着在水分扩散环境中暴露时间的增加，沥青混凝土试件底部细小裂纹逐渐增多，在 3 年期的水分扩散作用下，由底部萌生的裂纹已经与上方传递的裂纹相连接，形成贯穿试件的裂纹。综合上述分析，长期暴露在水分扩散环境中，由外向内的弱化效应会导致在遭受荷载时，沥青混凝土响应减弱，加速局部破碎以及宏观裂纹贯穿。

## 5.5.2 拉伸应力集中

沥青混凝土试件中的应力集中状况可以反映沥青混凝土在加载中的薄弱环节以及帮助找出最有可能发生损伤的位置。在间接拉伸加载模式中，试件上下两端一定范围内是受压的，而在试件中心一定范围内是受拉的，而拉伸应力是造成试件开裂的主要原因。因此，本节通过水平方向拉伸应力在试件中的集中分布情况，来研究长期水分扩散作用对其的影响。

图 5.12 展示了在裂纹起始状态（试件竖向变向量为 0.25 mm）下，三种不同水分扩散历史的沥青混凝土试件中的水平应力集中情况。

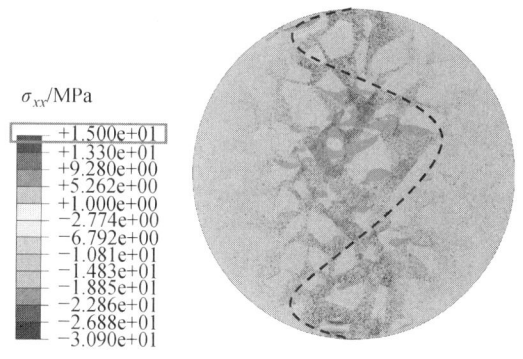

（a）未经水分扩散

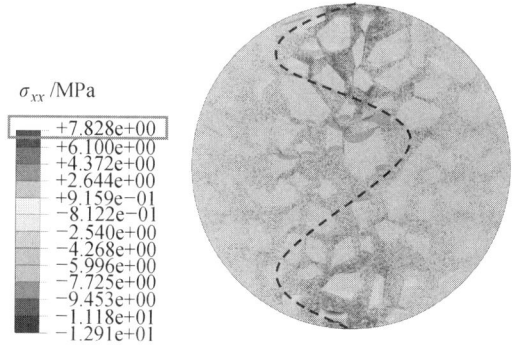

（b）水分扩散 1 年

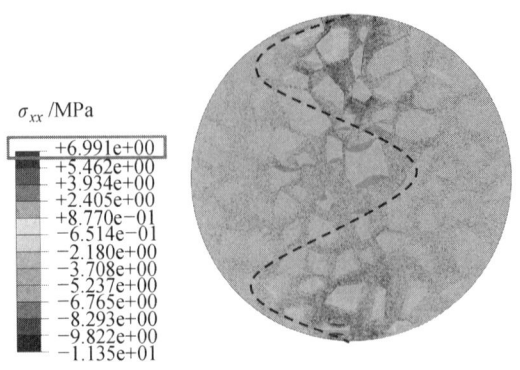

（c）水分扩散 3 年

图 5.12　沥青混凝土水平应力集中情况

从图 5.12 可以看出，试件中的水平压应力集中在试件的上下两端，而拉应力集中在试件的中心，这与间接拉伸的实际受力模式相符合，说明模拟具有实际意义。对比图 5.12（a）～（c）可以发现，随着水分扩散时间的增加，试件中负应力区面积逐渐增大，正应力区面积逐渐减小。这说明长期的水分扩散会增加试件在荷载作用下的压应力区面积减小拉应力区面积。在加载中，试件内产生的拉伸应力是沥青混凝土中沥青砂浆自身的黏结力以及沥青砂浆与集料的黏附应力的合力，试件长期暴露在水分扩散环境中会降低沥青混凝土各成分间的黏结，进而导致提供拉伸抗力的拉应力区面积减小。

根据图 5.12，未经水分扩散的试件，其拉伸应力集中区域位于试件中心偏上的位置；而水分扩散 3 年之后的试件，其拉伸应力集中区域位于试件中心偏下位置。这说明长期的水分扩散会使应力集中区域产生向下移动的趋势。根据 CZM，在裂纹起始区域中，应力集中在裂纹尖端。图 5.12 所反映的应力集中区域向下移动的规律说明，当竖向变形量达到 0.25 mm 时，经过长期水分扩散的试件中已经出现了微观裂纹并开始向下扩展，证实了长期的水分扩散作用会降低沥青混凝土的抗拉强度，加速裂纹的产生。

另外，观察图 5.12 还可以发现，水平拉应力较大的区域多位于粗集料与沥青砂浆的界面处，这一现象说明，粗集料与沥青砂浆界面在加载过程中比沥青砂浆或集料处承担更多的应力，更容易造成损伤，萌生裂纹。这也解释了 5.5.1 节中试件内微观裂纹总首先出现在粗集料与沥青砂浆界面这一现象。

### 5.5.3 最大荷载抗力

一般地，当材料自身对长期水分扩散作用的抗力较弱时，其到达设定位移边界条件所需的力也较小；相反，当材料自身对长期水分扩散作用的抗力强时，其到达设定位移边界条件所需的力也相对较大。材料自身的抗力与裂纹的形成有很大关联。因此本节分析了加载过程中（也就是试件竖直变形量达到位移边界条件的过程）试件的最大荷载抗力，及其对应的变形量。

图 5.13 所示为垂直位移荷载下不同水分扩散下 AC 的最大反作用力及变形量。

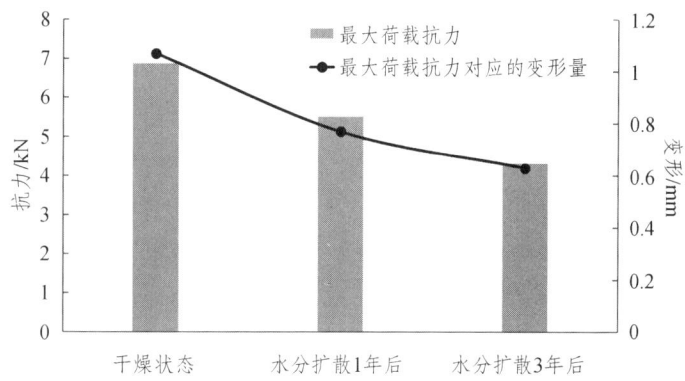

图 5.13 不同水分扩散历史下沥青混凝土最大荷载抗力以及其所对应的变形量

由图 5.13 可知，最大反作用力随着水分扩散时间的增加而减小，经过水分扩散 1 年以及 3 年后的试件比干燥试件的最大荷载抗力分别下降 30.0%与 37.1%。这一现象说明，经过长期的水分扩散，通过水分扩散作用进入沥青混凝土中的水分会降低沥青混凝土对荷载的抗力，使沥青混凝土试件产生损伤所需的力减小，裂纹萌生更加容易。因此，可以得出结论，长期水分扩散会加速沥青混凝土中裂纹的萌生。另外，图 5.13 还显示，长期暴露在水分中会降低试件达到最大荷载抗力所需的变形量，经过水分扩散 1 年以及 3 年后的试件比干燥的试件达到最大荷载抗力时的变形量分别下降 28.0%与 41.1%。这一现象说明了长期水分扩散降低的沥青混凝土的延性，加速其在荷载作用下产生裂纹。

### 5.5.4 损伤分布

根据 CZM，沥青混凝土的刚度降低值代表了沥青混凝土的损伤演化。因此，本节通过标量化刚度降低值的累积分布函数（Cumulative Distribution Function，CDF），分析了不同水分扩散历史对沥青混凝土中损伤分布的影响。根据 5.5.2 节中所分析的结果，在间接拉伸受力模式下，沥青混凝土试件的水平拉应力集中在试件的中心附近。因此本节选择沥青混凝土中心附近的黏聚力单元作为统计主体，计算其在裂纹起始阶段（试件竖向变形量 0.25 mm 时）的累积分布函数。图 5.14 展示了本节分析时所选的统计主体。

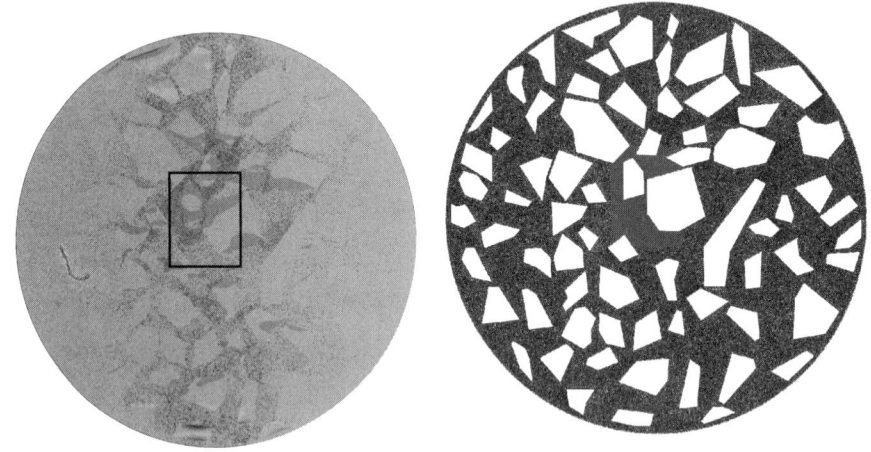

图 5.14　试件中心附近用于损伤分布计算的区域

本节计算得到的 CDF 取值范围为 0~1。当 $CDF=0$ 时，图 5.14 中所选中的黏聚力单元的刚度并未发生退化，即选区未损伤；当 $CDF=1$ 时，图 5.14 中所选中的黏聚力单元的刚度退化至 0，即选区完全损伤。图 5.14 所示的选区内共包含黏聚力单元 372 202 个，其中位于沥青砂浆中黏聚力单元数量为 356 538 个，位于沥青砂浆与集料界面中的黏聚力单元数量为 15 664 个。

图 5.15 展示了 CDF 的计算结果。

5 水分扩散作用下沥青混凝土宏观开裂特征

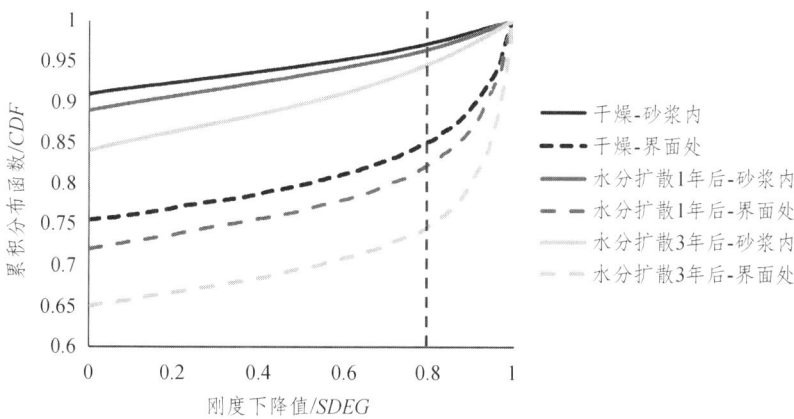

图 5.15　沥青砂浆内与界面处的标量化刚度减小值的 CDF 计算结果

图 5.15 显示，沥青砂浆与集料界面处黏聚力单元的 CDF 曲线位于沥青砂浆内黏聚力单元 CDF 曲线的下方。这一现象说明，在相同位移量输入的情况下，位于沥青砂浆与集料界面处的无损黏聚力单元数量少于位于沥青砂浆处的无损黏聚力单元数量，这意味着相比沥青砂浆内部，损伤更容易出现在沥青砂浆与集料界面处。结合 5.5.2 节中相关内容，可以得出结论：沥青混凝土中沥青砂浆与集料的界面将比沥青砂浆内更容易遭受损伤。因此，在长期的水分扩散中，裂纹会首先出现在沥青砂浆与集料的界面处而非沥青砂浆内部。

图 5.15 同样显示，随着水分扩散时间的延长，处于沥青砂浆与集料界面处以及沥青砂浆内部的黏聚力单元的 CDF 逐渐下降。另外，图 5.15 中的 CDF 曲线表现出典型的两阶段，因此本节认为该曲线可分为两部分。曲线的第一部分表示黏聚力单元处于线性损伤状态，其标量化刚度下降值小于 0.8；曲线的第二部分表示黏聚力单元处于加速性损伤状态，其标量化刚度下降值位于 0.8～1。表 5.3 汇总了处于加速损伤阶段的 CDF。

表 5.3　处于加速损伤阶段的黏聚力单元百分比

| 加速损伤阶段 | 沥青砂浆内部/% | 粗集料与沥青砂浆界面/% |
| --- | --- | --- |
| 未受长期水分扩散影响 | 2.6 | 14.7 |
| 长期水分扩散 1 年 | 3.4 | 17.5 |
| 长期水分扩散 3 年 | 5.2 | 25 |

表5.3表明,随着水分扩散时间的增加,处于加速损伤阶段的位于沥青砂浆与集料界面处的黏聚力单元占比显著升高,即长期水分扩散加速了沥青砂浆与集料界面黏结失效。

## 5.6 上海地区沥青路面极限服役期内性能衰减预测

为了探究上海地区沥青混凝土在目前沥青路面设计体系下极限服役期的性能衰减,以20年的服役期为研究时间尺度,利用本书提出的适用于上海地区的水分扩散-力学耦合演化模型,对沥青混凝土试件饱水状态下的开裂特性进行研究。由于间接拉伸试验的强度指标是沥青混凝土整体抗力的代表值,因此本书在此基础上对上海地区沥青路面极限服役期内性能衰减进行预测。结合上海地区气候特征,对沥青混凝土试件进行了长达20年的水分扩散模拟,结果如图5.16所示。

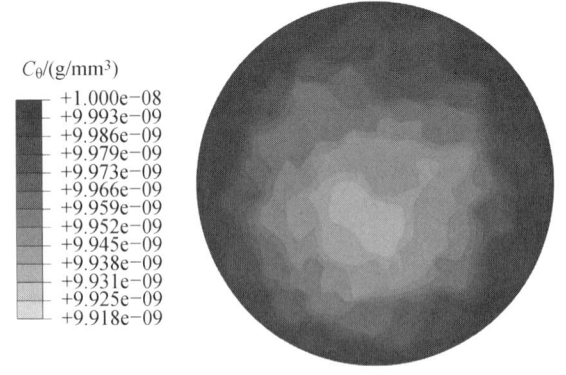

图5.16 上海地区沥青混凝土服役20年后的水分扩散模拟结果

图5.16显示,20年的水分扩散使得沥青混凝土在20 ℃、75%RH的环境中已达到平衡水分扩散,说明沥青路面在上海地区服役20年后,累积的水分扩散达到峰值(与环境中水分扩散相同)。因此20年的水分扩散可以作为水分扩散的终值,后续对水分扩散效应的最大影响加以分析。

根据图5.16所示的模拟结果,在水分扩散-力学耦合演化模型中〔式

(5.18)],当 $C_\theta(x,t)$ 无限接近 $C_\theta^{\max}$ 时,沥青混凝土中的扩散达到最大的极限状态。

$$\frac{T_{(t)}^i}{T_0^i} = 1 - \left\{1 - \exp\left[-1.56\sqrt{\frac{C_\theta(x,t)}{C_\theta^{\max}}}\right]\right\}; \quad i=a,c \qquad (5.18)$$

因此,为了获得极限服役期内沥青混凝土内部的黏结力大小,令极限状态时的水分浓度 $C_\theta(x,t) = C_\theta^{\max}$,代入式(5.18),计算可得最终 $T_{(te)}^i = 0.63\,\mathrm{MPa}$,将该值输入 CZM 模型中,实现对极限服役期内沥青混凝土开裂性能的模拟。图 5.17 展示了干燥试件与水分扩散 20 年后试件的间接拉伸开裂过程。

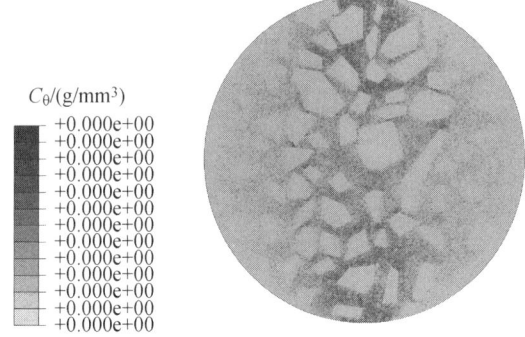

(a)干燥状态竖向位移 0.25 mm 时损伤与开裂

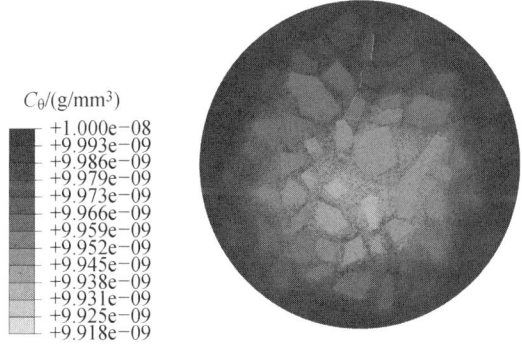

(b)极限服役状态竖向位移 0.25 mm 时损伤与开裂

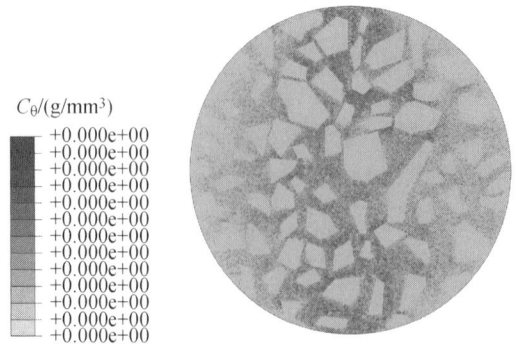

（c）干燥状态竖向位移 0.35 mm 时损伤与开裂

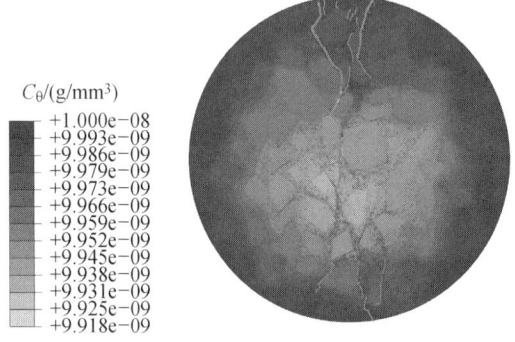

（d）极限服役状态竖向位移 0.35 mm 时损伤与开裂

图 5.17　试件内部裂纹发展情况

图 5.17 显示，在裂纹起始阶段，干燥状态（初始服役）下沥青混凝土试件在竖向荷载作用下产生了大量损伤，但未形成裂纹。相反，极限服役（20 年水分扩散）状态下，沥青混凝土试件在试件中心产生大量损伤外，在试件顶部附近已形成了明显的微观裂纹。另外，在裂纹发展与贯穿阶段，干燥状态下的沥青混凝土裂纹刚刚发育，而极限服役状态下的沥青混凝土试件中宏观裂纹已经完全贯穿。上述有关裂纹萌生与贯穿的对比说明了，20 年水分扩散使得沥青混凝土抗裂性显著下降，水分扩散弱化效应明显。为了更好地展示极限状态下沥青混凝土力学性能的退化，图 5.18 汇总了水平应力集中以及竖向荷载情况。

5 水分扩散作用下沥青混凝土宏观开裂特征

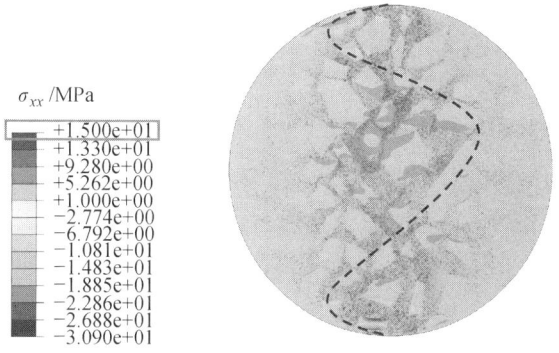

（a）干燥状态下沥青混凝土试件水平应力集中情况

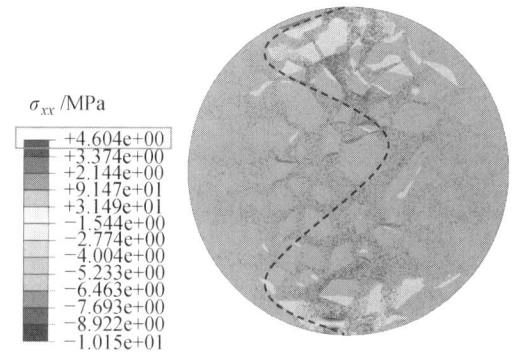

（b）水分扩散 20 年后沥青混凝土试件水平应力集中情况

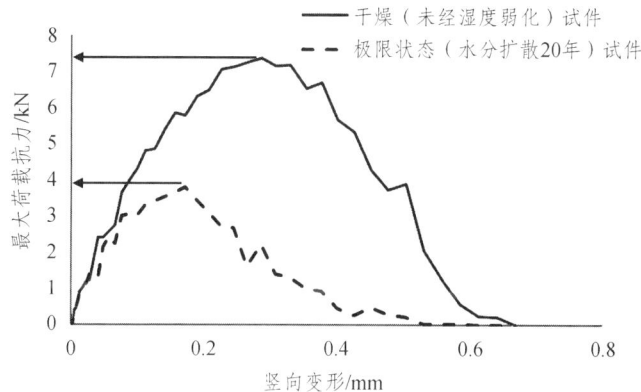

（c）干燥与极限服役状态下沥青混凝土最大荷载抗力

图 5.18　沥青混凝土试件初始与极限服役期的力学性能

水分扩散-力学耦合演化模型［式（4.48）］给出了平衡水分扩散状态下沥青混凝土内部黏结力的下降情况：由干燥状态（$C_\theta(x,t)=0$）的 3.1 MPa 下降为平衡水分扩散状态（$C_\theta(x,t)=C_\theta^{\max}$）的 0.63 MPa，降幅约 80%。对比图 5.17（a）、(b)，最大水平应力从干燥状态的 15 MPa 下降为极限服役状态的 4.6 MPa，降幅约 70%。图 5.18（c）显示，最大荷载抗力的最大值经过 20 年水分扩散后，由 7.36 kN 下降为 3.8 kN，降幅约 48%。虽然 20 年水分扩散使得沥青胶结料的黏结力下降 80%，但由于集料自身强度以及集料之间嵌挤等作用，实际中，上海地区沥青混凝土在极限服役期内对间接拉伸荷载的抗力下降约 50%。

## 5.7 本章小结

沥青路面长期暴露在水分扩散环境中，会在扩散作用下不断累积水分。水分扩散-力学耦合演化模型表明，沥青混凝土中黏结（附）力会随其内部水分含量增加而降低，由此导致沥青混凝土性能发生弱化，进而引起宏观损坏。本章聚焦于长期水分扩散与荷载共同作用下沥青混凝土的开裂损坏，利用水分扩散-力学耦合演化模型以及顺序耦合方法对这一问题进行了模拟与分析。具体结论如下：

（1）在间接拉伸荷载作用下，当试件竖直变形量达到 0.25 mm 时，黏结和黏附损伤均出现在了沥青混凝土试件中。但对于在水分扩散环境中暴露 1 年和 3 年的试件，微损伤已经聚集形成了微观裂纹。尤其在水分扩散环境中暴露 3 年的试件，其部分微观裂缝已经相互连接，并出现了向下发扩展趋势。当试件竖直变形量达到 0.5 mm 时，在水分扩散环境中暴露 3 年的试件，其宏观裂纹已贯穿试件，而这一现象并未出现在较短暴露史的试件中，表明长期水分扩散加速了沥青混凝土中裂纹的产生与扩展。

（2）水平拉伸应力分布表明，长期的水分扩散扩大了压应力区域，缩小了拉应力区域，表明长期水分扩散降低了沥青混凝土的抗拉强度，加速了裂纹的萌生。

（3）随着水分扩散时间的增加，应力集中区域由试件中心向下偏移，微裂纹通常萌生在应力集中区。这说明，长期暴露在水分扩散环境中的试件，其内部微裂纹已经形成并开始向下移动。此外，水平应力集中区较多分布在沥青砂浆和集料之间的界面附近，表明界面处承受的应力比沥青砂浆更大，该位置更易发生损伤。

（4）在水分扩散环境中暴露1年和3年后，试件的最大荷载抗力分别降低30.0%、37.1%。这意味着，试件中不断累积的水分含量降低了试件的抗力，导致产生裂纹所需的荷载降低。此外，试件内部不断累积的水分也降低了变形能力，对于水分扩散环境中暴露1年和3年的试件，达到最大荷载抗力所需的变形量与干燥试件相比分别减少了28.0%、41.1%。

（5）损伤分析结果表明，位于沥青砂浆与集料界面处的无损黏聚力单元数量少于位于沥青砂浆处的无损黏聚力单元数量，说明相比沥青砂浆内部，损伤更易出现在沥青砂浆与集料界面处。另外，根据处于加速损伤阶段的黏聚力单元统计结果，长期暴露在水分扩散环境中会加速沥青混凝土内部黏结（附）失效。

（6）通过对比上海地区极限服役（水分扩散20年后）状态下沥青混凝土与初始服役状态下的水平应力集中以及最大荷载抗力，结合水分扩散-力学耦合演化模型中的极值，综合考虑黏结下降与集料嵌挤作用，最终得出：上海地区沥青混凝土的极限服役期内（暴露在水分扩散环境中20年）对间接拉伸荷载的抗力下降约50%。

## 本章参考文献

[1] KRINGOS N, SCARPAS A, COPELAND A, et al. Modelling of combined physical–mechanical moisture-induced damage in asphaltic mixes Part 2: moisture susceptibility parameters[J]. International Journal of Pavement Engineering, 2008, 9(2): 129-151.

[2] SONG S H, PAULINO G H, BUTTLAR W G. A bilinear cohesive zone model tailored for fracture of asphalt concrete considering viscoelastic bulk material[J]. Engineering Fracture Mechanics, 2006, 73(18): 2829-2848.